新・いのちを守る気象情報

斉田

はじめに

前著『いのちを守る気象情報』の刊行から8年が経ち、気象情報は大きく様変わりしました。たとえば、台風や梅雨前線による災害の危険性は、数日前からある程度はわかるようになったため、「いつ」「誰が」「何をするのか」をあらかじめ決めておく「タイムライン（防災行動計画）」が普及してきました。交通機関が事前に予告して運行を中止する「計画運休」もその一つです。

しかし、情報を活かしきれていない状況は、以前と変わっていません。２０１８年の平成30年7月豪雨（別称、西日本豪雨）では、２００人を超える方が亡くなりました。防災気象情報の伝え方の改善が急務であり、取り組みは各所で進められています。

そこで、改訂版の本書では、「いつ」「どの情報に注目すべきか」についてより詳しく記していきます。実際に行動するのは「あなた自身」だということを強く意識して読み進めて下さい。気象情報は、より良い未来を生きるための情報です。

私が天気に興味を持ったのは、物心つくかつかないかの頃だったようです。初めて雪を見たときは、じっと空を見上げて動かなくなったと両親が言っていました。子どものころから空を眺めるのが好きで、いつもアゴが上を向いている、とからかわれていたこともありました。

「あの雲、ティラノサウルスみたい！」

「夕焼けの色がいつも違うのはなぜ？」

移ろいゆく空の景色は、つねに私を楽しませてくれました。

父親の仕事の都合で小さいころから引っ越しが多く、北は北海道から南は九州にかけて日本各地に住んだことも、空の不思議に興味を持つきっかけになったに違いありません。

虹のたもとに宝物を探しに行ったくらいなら可愛いエピソードですが、高校生になっても台風の眼を目指して自転車を走らせたりしていました。当時、天気は興味の対象であり、災害をもたらす危険な存在でもあることは、ほとんど意識していませんでした。テレビで台風や大雨の被害のニュースを見ても、「自分は大丈夫だろう」と根拠のない自信を持っていたように思います。

机上の勉強よりもフィールドワークが好きで、乗船実習のある北海道大学水産学部に進学。在学中に気象予報士の存在を知って、すぐに資格を取りました。卒業後は大学院に進むつもりでいましたが、たまたま就職試験を受けたテレビ局のエントリーシートに4行ぶち抜きで「気象予報士の資格を持っています」と書いたところ、その後の面接では天気のことを多く聞かれ、後日、採用の知らせが届きました。

「お天気キャスターになれるのかな?」という淡い期待もあって入社しましたが、最初の配属先は事業部でした。スポーツのイベントを担当することが多かったのですが、ここで思いのほか天気に翻弄されました。集客に影響するのはもちろんですが、天気によっては開催自体が危ぶまれることもあります。気象予報士の知識を活かす場所はどこにでもある。自分だからできることは何だろうかと考え始めた矢先に、報道部へ異動になりました。しかし、結果的には報道に携わることで、自分の浅はかさを思い知ることになりました。

報道部では事件・事故や裁判所前からのリポートなどさまざまな業務を担当しましたが、台風や地震などで大きな災害が起きると、最初にヘリコプターで現場に急行するのも私の役割でした。テレビに出演している私が言うのは問題があるかもしれませんが、テレビを通して見る映像と、実際に自分の目で見る印象は全く違います。どこまでが川で、どこからが道路なのかがわからない状況の中、流される車の中に人影を見たこともあります。

同じような気象条件、同じような場所で、繰り返される人の死を取材するのは苦痛でした。かつての私がそうであったように、災害報道を見ても他人事としか捉えない人があまりにも多いことに気づかされたためです。一方で、正しい情報によって救われるいのちがあることも、取材を通して直に感じることができました。

民間の気象会社に再就職したのは、30歳を目前に控えた春です。

災害が起きたあとに取材をする「報道記者」ではなく、災害を未然に防ぐ「気象の専門家」として生きていこうと決心しました。災害のときにはＮＨＫの視聴率が跳ね上がります。そのＮＨＫの気象キャスターになることを目標に行動し、念願は叶いました。しかし、それから1年も経たないうちに、２０１１年、東日本大震災が起きてしまい、自分の無力さを改めて痛感させられました。気象キャスターとしてできることは、ほんのわずかです。それでも自分に何ができるのかを問い続けました。

その答えの一つが、みなさん自身のいのちを守れるように、気象についての本を書くことでした。

2021年現在、自然災害のリスクはますます高まっています。しかし、「情報」だけではいのちを守ることはできません。

数分のニュースや気象情報の中に詰まっている「いのちを守る情報」を活かすためには、見る側にもある程度の「知識」が必要であり、自分だけは大丈夫という「意識」から変えていく必要があります。

本書では、前著と同じく、災害のメカニズムなど専門的なことは可能な限りやさしく解説し、災害が発生したときにいかに「行動」するべきかを述べるとともに、冒頭でも触れた通り、「いつ」「どの情報に注目すべきか」についても焦点を当てました。

「大雨」「台風」「雷」「竜巻」「猛暑（熱中症）」「大雪」「地震（津波）」「火山」の8種類の災害ごとに、過去の事例とともに解説していますので、どの章から読んでいただいてもかまいません。災害の事例は気象庁の調査報告、ニュースサイト、地方紙を含む新聞等を集約したものになっています。また、必要なときにすぐに見直すことができるように、各章の最後には「行動に移すためのチャート」を「チェック」としてまとめています。そして補章として「最新情報の集め方」も記しました。

この本を手に取っていただいたみなさんと、みなさんの大切な人の「いのちを守る」ために、少しでも役立つことを願っています。

新・いのちを守る気象情報　目次

第2章 「台風」の災害リスクをどう減らすのか……47

第7章 「地震」頻発時代をどう生き抜くか……161

第1章

「大雨」による大規模災害に備える

1　同時多発的な河川の氾濫

ここ数年、非常に広い範囲で、長期間にわたって大雨が降る事例が相次いでいます。

２０１８年の平成30年7月豪雨（西日本豪雨）では11府県に大雨特別警報が発表され、翌年の令和元年東日本台風（台風19号）では、これを上回る13都県に大雨特別警報が発表されました。いずれも同時多発的に河川が氾濫し、甚大な被害が出ています。

私は10年以上、台風や大雨の臨時放送を担当してきましたが、これほど多くの河川が氾濫したことは過去に経験がありません。本来であれば、川が増水し、氾濫の危険があることをお伝えして避難行動を呼びかけるべきですが、次々に川が氾濫する状況の中で、十分にその役割を果たすことができませんでした。大雨が降り始めてからでは遅い、事前に備えと行動を呼びかけることが重要だと改めて感じています。

2　局地的な大雨と都市型水害

近年は「都市型水害」と呼ばれる災害も多発しています。

河川や下水道の排水能力を超える大雨が降ると、あふれた雨は低い場所に集まります。道路などが舗装された都市部では雨が地中に浸み込む量が少ないため、短時間のうちに浸水が起こり、地下街などに流れ込んで被害が発生してしまいます。交通渋滞や停電などによって、都市の機能が麻痺（まひ）することもあります。

急に強く降り、狭い範囲に短時間で数十ミリの雨が降ることを「局地的な大雨」、一部メディアは「ゲリラ豪雨」などと呼んでいますが、多くの自治体では、1時間に50㎜の雨が降った場合を想定して治水対策がとられています。この50㎜を超える局地的な大雨が増えていることも、都市部での災害増加に影響していると考えられます（図1-1）。1時間に50㎜以上の雨が、多い年には全国1300地点あたり463回（3地点あたり約1回）降っていることからも、都市型水害が、自分の身の回りでいつ起きてもおかしくない状況にあることがわかると思います。

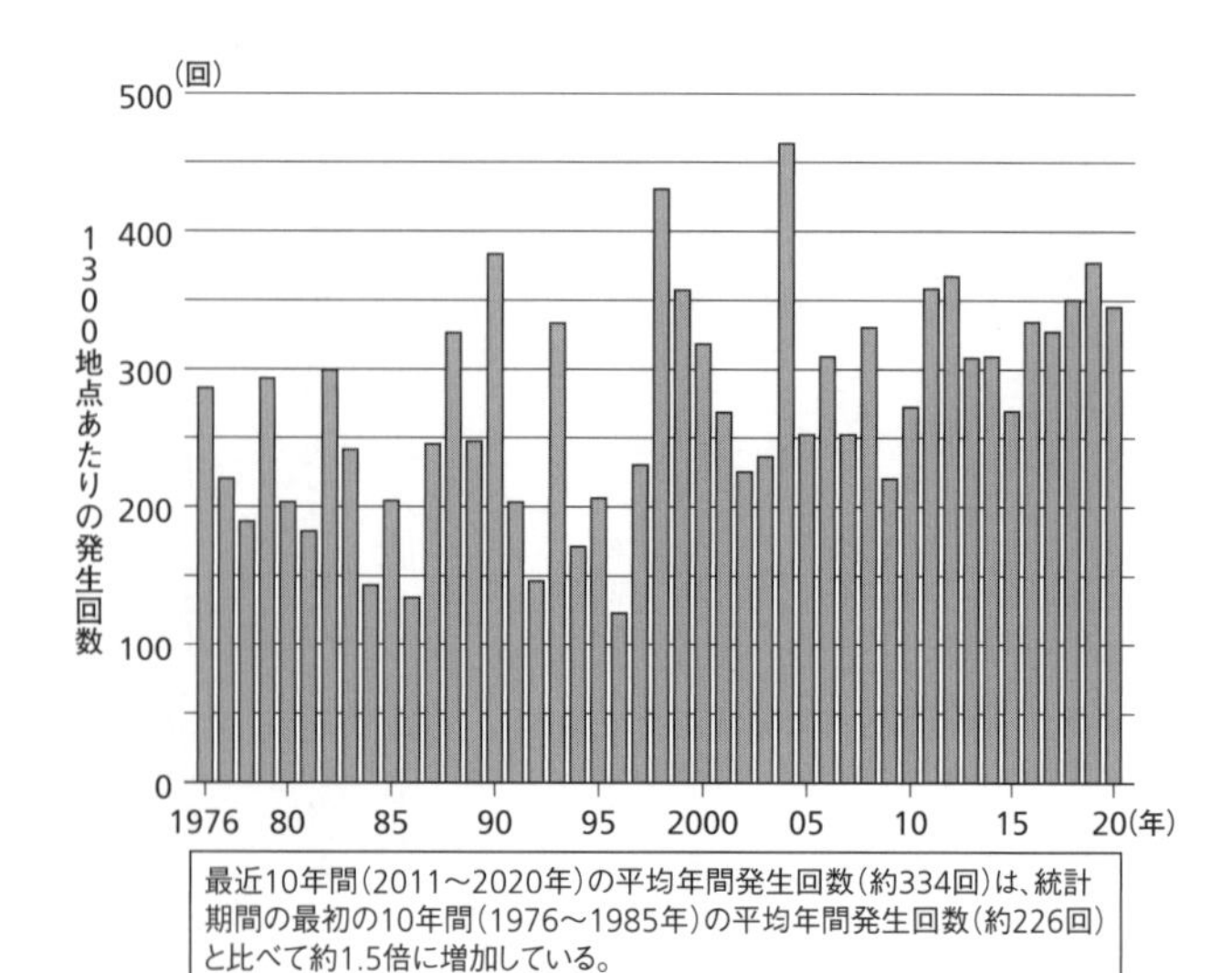

図1–1　全国のアメダスによる1時間降水量50mm以上の年間発生回数の経年変化(1976〜2020年)(気象庁HPより)

一時的に雨水を溜める調節池などによって、排水能力の向上を計画している自治体もありますが、整備には数十年単位の時間がかかります。また、ハード面の対策がどれだけ進んでも、東日本大震災のときのように想定を上回る自然災害が発生する可能性があります。

設備に頼りきってしまうことなく、各自が危険を察知する能力を身につける必要があり、気象情報やハザードマップなどソフト面を有効に活用することが求められます。

3 雨による死亡災害

大雨災害の種類は、大きく「洪水」「浸水」「土砂災害」の三つに分けられます。

「洪水」は、大雨や融雪などによって、堤防が決壊したり、河川の水が堤防を越えたりすることで起こります。「外水氾濫」とも呼ばれます。

「浸水」は、大雨によって排水が追いつかず、下水道があふれることで起こります。河川の増水や高潮によって排水が阻まれたときにも発生し、「内水氾濫」とも呼ばれます。

「土砂災害」はさらに四つに分類されます。

「山崩れ」は、大雨や融雪によって、山の斜面が急激に崩れ落ちる現象です。

「がけ崩れ」は、自然の急傾斜のがけや、人工的な急な斜面が崩壊する現象です。

「土石流」は、土砂や岩石が多量の水分を伴って流れ下る現象です。山津波、鉄砲水とも呼ばれます。

「地滑り」は、斜面の土壌が比較的ゆっくりと滑り落ちる現象です。地質や地下水などの影響が大きく、降雨や融雪によって発生することがあります。

このような災害の種類や発生の原因を知ることはもちろん大切ですが、それだけではいのちを守ることはできません。
局地的な大雨による被害は、10分程度で発生することもあります。瞬時の判断ミスがいのちを落とすことにつながりますので、大雨のときに発生する状況をできるだけ詳しく知っておく必要があります。ここでいくつか事例を挙げます。

①地下街に雨水が「浸水」

「1999年6月29日、梅雨前線による記録的な豪雨が九州北部を襲い、博多駅周辺の地下街や地下鉄などで浸水の被害が相次ぎ、水圧で扉が開けられなくなった地下の店舗に閉じ込められた1人が死亡した。福岡市では午前7時43分から午前8時43分までの1時間に79・5㎜の雨が降り、この雨で御笠(みかさ)川から水があふれた。」

地下にいると外の状況の変化がわかりにくいため、避難が間に合わなくなるおそれがあります。大雨が予想されているときは、天気予報や周りの状況をこまめにチェックし、早めの避難を心がけて下さい。外から大量の水が押し寄せると、水圧のために扉は内側から開けることができなくなります。

②アンダーパスの「冠水」

［2011年5月29日午後1時45分ごろ、愛媛県西条（さいじょう）市のJR予讃（よさん）線の下を通るアンダーパスで、冠水していることに気づかず進入したと見られる軽トラックが立ち往生する事故が起きた。運転していた80歳の男性は車外に脱出したが、溺死（できし）したものと見られている。］

アンダーパスとは、交差する鉄道や道路などの下を通過するため、周辺の地面よりも低くなっている道路のことです。大雨のときは水が溜まりやすいため、車での通行は避けて下さい。水深が30㎝（車のマフラーの排気口の高さ）より深くなると、エンジンが止まって走行できなくなります。水圧でドアが開かない場合は、スイッチ操作のパワーウインドウで窓を開けて脱出して下さい。窓が開かない場合は、ハンマーなどで窓を叩き割って脱出するための道具が必要になりますので、日頃から準備しておくのもよいでしょう。

③用水路に「転落」

［2005年7月1日午後、富山県南砺（なんと）市で小学1年生の男の子が、大雨による濁流で格

子状の鉄製のふたが外れた用水路に転落して死亡した。小学校からおよそ６００ｍ離れた温水プールでの授業を終えて、学校へ戻る途中だった。」

　道路が冠水していると、用水路やマンホールのふたが開いていることに気づかないで、転落する危険があります。長靴は中に水が入ると歩きにくくなるため、避難するときには靴底の厚い運動靴が適しています。また、水深が50cm以上になると、大人でも歩行は困難になります。近くの建物の２階以上に避難して、助けを求めましょう。

④急激な川の「増水」

「２００８年７月28日午後２時40分ごろ、神戸市灘区を流れる都賀川で、急な増水によって小学生２人を含む５人が死亡した。この日は午後２時ごろまで晴れていて水遊びなどを楽しむ人が大勢いたが、天気が急変して、川の水位は10分間に１ｍ34cmも上昇した。」

　この事故では橋の下で雨宿りをしていて流された人が多くいました。川の増水や氾濫は、その場所で多量の雨が降ったときだけでなく、上流で降った雨が川に流れ込むことでも急に発生します。１９９９年８月14日には、神奈川県の玄倉川の中州でキャンプをしていた18人が濁流に流され、そのうち13人が死亡する事故も発生しています。

雨が降り始めたり、空や川に異変を感じたりしたら、すぐに水辺から離れて下さい。水位が上昇しているときだけでなく、水が濁ったり、上流から枝が流れてくるときも危険のサインです。また、サイレンの音が聞こえたときは、ダム放流の知らせなので一気に水位が上昇するおそれがあります。

⑤雨がやんだあとに「土砂災害」

「1997年7月10日午前0時45分ごろ、鹿児島県出水市の針原地区で土石流が発生、住宅16棟が全半壊し、21人が犠牲となった。出水市では7日からの総雨量が約400㎜に達していたが、土砂災害が発生する3時間以上前から雨はほぼやんでいた。」

土砂災害は、雨によって地面がある程度水分を含んでいる状態のときに激しい雨が降ると発生しやすい現象です。その一方で、雨が収まってからでも発生することがあります。地面に含まれた水分は、雨がやんでもすぐにはなくならないためです。

宅地開発が急速に進んだことで、がけ崩れなどの危険性も高まったと考えられています。

4　大雨による災害をイメージする

どのくらいの雨が降ったときに、どのような状況になるのか、そのことをイメージできることが、自分の身を守るためには必要です。

テレビの天気予報などで耳にされたことがあると思いますが、雨の強さを表す予報用語は、強いほうから「猛烈な雨」「非常に激しい雨」「激しい雨」「強い雨」「やや強い雨」の五つで、それぞれのランクごとの、人や走行中の車への影響などが示されています（表1―1）。

1時間に10～20㎜の「やや強い雨」では地面からの跳ね返りで足元がぬれてしまい、20～30㎜の「強い雨」では傘をさしてもぬれてしまいます。30～50㎜の「激しい雨」では道路が川のようになり、車はブレーキが利かなくなることがあります。50～80㎜の「非常に激しい雨」では傘が全く役に立ちません。視界も悪くなるため、車の運転は危険です。さらに80㎜以上の「猛烈な雨」の場合は、息苦しくなるような圧迫感があります。

天気予報で、1時間に50㎜以上の「非常に激しい雨」が予想されているときは、特に空模様の変化に気を配り、河川やがけのそばなど危険な場所には近づかないようにして下さ

表1–1　雨の強さと降り方

<table>
<tr><th>1時間雨量（mm）</th><th>予報用語</th><th>人の受けるイメージ</th><th>人への影響</th><th>屋内（木造住宅を想定）</th><th>屋外の様子</th><th>走行中の車</th></tr>
<tr><td>10以上～20未満</td><td>やや強い雨</td><td>ザーザーと降る</td><td>地面からの跳ね返りで足元がぬれる</td><td>雨の音で話し声がよく聞き取れない</td><td rowspan="2">地面一面に水たまりができる</td><td></td></tr>
<tr><td>20以上～30未満</td><td>強い雨</td><td>どしゃ降り</td><td rowspan="2">傘をさしていてもぬれる</td><td rowspan="4">寝ている人の半数くらいが雨に気がつく</td><td>ワイパーを速くしても見づらい</td></tr>
<tr><td>30以上～50未満</td><td>激しい雨</td><td>バケツをひっくり返したように降る</td><td>道路が川のようになる</td><td>高速走行時、車輪と路面の間に水膜が生じブレーキが利かなくなる（ハイドロプレーニング現象）</td></tr>
<tr><td>50以上～80未満</td><td>非常に激しい雨</td><td>滝のように降る（ゴーゴーと降り続く）</td><td rowspan="2">傘が全く役に立たない</td><td rowspan="2">水しぶきであたり一面が白っぽくなり、視界が悪くなる</td><td rowspan="2">車の運転は危険</td></tr>
<tr><td>80以上～</td><td>猛烈な雨</td><td>息苦しくなるような圧迫感がある。恐怖を感じる</td></tr>
</table>

（気象庁HPの資料をもとに作成）

岩泉町		今後の推移（■警報級 ■注意報級）									備考・関連する現象
発表中の警報・注意報等の種別		30日							31日		
		3-6	6-9	9-12	12-15	15-18	18-21	21-24	0-3	3-6	
大雨	1時間最大雨量（ミリ）	16	30	40	50	80	80				
大雨	（浸水害）										浸水注意
大雨	（土砂災害）										土砂災害警戒
洪水	（洪水害）										
暴風	風向風速（矢印・メートル） 陸上	3	10	15	20	25	20	13	10	10	
暴風	風向風速（矢印・メートル） 海上	10	12	20	25	35	30	15	10	10	以後も注意報級
波浪	波高（メートル）	6	6	8	8	10	10	10	6	6	以後も注意報級 うねり
高潮	潮位（メートル）	0.4	-0.2	0.1	1.2	1.2	1.2	0.7	0.7		ピークは30日12時頃
雷											竜巻、ひょう
濃霧	陸上										視程100メートル以下 以後も注意報級
濃霧	海上										視程500メートル以下 以後も注意報級

▨：警報に切り替える可能性が高い注意報

▨：予測の確度が十分ではなく、危険性を表示していない。今後の警報・注意報で更新

図1–2　警報・注意報（今後の推移）（気象庁HPより）

2016年、台風10号が接近している際に、岩手県岩泉町に発表された警報・注意報を例として示したもの。時間は3時間ごとの現象の推移を表す。

い。

また、数年に一度程度しか発生しないような短時間の大雨が降ったときには、「記録的短時間大雨情報」が発表されます。今降っている雨が、その地域にとって土砂災害や浸水害、河川の氾濫につながるような、稀（まれ）にしか観測しない雨量であることを知らせる情報です。この情報の発表基準は、地域によって異なります。雨量としての数字だけでなく、災害の危険をいち早く知らせる情報となっているのです。

2017年5月には、これまでの「雨量」そのものの予想を用いた警報の発表が廃止され、災害発生の危険度に直結する「指数」（土壌雨量指数、表面雨量指数、流域雨量指数）を用いた警報に完全に切り替えられました。また、警報・注意報の時間が色分けして発表されるようになり、視覚的にもわかりやすい情報になっています（図1－2）。

5　自らのいのちを自ら守るための情報へ

大雨による災害の呼びかけの難しさには、大きく二つの点があります。

表1–2　大雨に関連して発表される気象情報

情報の種類		情報の役割
早期注意情報（警報級の可能性）		警報級の現象が5日先まで予想されるときに、その可能性を［高］［中］の2段階で発表
注意報	大雨注意報	災害が起こるおそれがある場合に、注意して行う予報
	洪水注意報	
警報	大雨警報（浸水害）	重大な災害の起こるおそれがある場合に、警告して行う予報
	大雨警報（土砂災害）	
	洪水警報	
大雨・洪水警報の危険度分布		土砂災害、浸水、洪水害発生の危険度を地図上で5段階に色分け。10分ごとに更新
土砂災害警戒情報		大雨による土砂災害の危険度が高まった市町村を特定して発表
指定河川洪水予報		指定された河川の水位または流量を5段階のレベルで示した予報
記録的短時間大雨情報		数年に一度くらいしか発生しないような激しい短時間の大雨が観測・解析されたときに発表（1時間に100ミリ前後の雨）
大雨特別警報		大雨や集中豪雨により数十年に一度の降水量となる大雨が予想される場合

（気象庁HPより）

まず一つは、「ゲリラ豪雨」というう言葉に代表されるような、予報される範囲の中でも局地的に短時間に大雨になる場合がある点です。もう一つは、がけのそばや低い土地など災害が起こりやすい場所と、そうでない場所では同じ雨量でも警戒の度合いが変わってくる点です。危険な場所をいかに限定して伝えるか、そのために雨に関しては、注意報や警報以外にも様々な情報が発表されています（表1–2）。

2017年7月からは、実際

にどの程度の危険が迫っているかについて、気象庁のホームページで土砂災害・浸水害・洪水害の三つすべての危険度分布が発表され、ネット環境さえあれば誰でもリアルタイムの情報を得ることができるようになりました。34ページ以降の図1－3、1－4、1－5は、2021年3月13日15時の危険度分布ですが、災害の種類によって危険度の高い場所の範囲や位置は異なります。

また、住民がとるべき行動を直感的に理解しやすくなるように、2019年から5段階の警戒レベルが提供されるようになりました（表1－3）。自治体から避難指示（警戒レベル4）や避難準備・高齢者等避難開始（警戒レベル3）などが発令されたときは速やかに避難行動をとる必要がありますが、多くの場合は防災気象情報が先に発表されます。

このため、警戒レベル4や警戒レベル3に相当する防災気象情報が発表されたときには、避難情報が発令されていなくても危険度分布や河川の水位情報などを確認して、自ら避難の判断ができるようにしておくことが大切です。

①土砂災害からいのちを守る

最初にすべきことは「普段から土砂災害の危険がある場所を把握する」ことです。

市町村の対応	住民が取るべき行動	警戒レベル
・心構えを一段高める ・職員の連絡体制を確認	**災害への心構えを高める**	1
第1次防災体制 （連絡要員を配置） 第2次防災体制 （避難準備・高齢者等避難開始の発令を判断できる体制）	**ハザードマップ等で避難行動を確認**	2
避難準備・高齢者等避難開始 第3次防災体制 （避難勧告の発令を判断できる体制）	土砂災害警戒区域等や急激な水位上昇のおそれがある河川沿いにお住まいの方は、 **避難準備が整い次第、避難開始** **高齢者等は速やかに避難**	3
避難勧告 第4次防災体制 （災害対策本部設置） **避難指示（緊急）** ※緊急的又は重ねて避難を促す場合等に発令	**速やかに避難** ・危険な区域の外の少しでも安全な場所に速やかに避難 **避難を完了** ・道路冠水や土砂崩れにより、すでに避難が困難となっているおそれがあり、この状況になる前に避難を完了しておく	4
災害発生情報 ※可能な範囲で発令 ・大雨特別警報発表時は、避難勧告等の対象範囲を再度確認	危険な区域からまだ避難できていない方は、 **命を守るための最善の行動をとる** ・大雨特別警報発表時には、災害が起きないと思われているような場所でも危険度が高まる異常事態であることを踏まえて対応する	5

（気象庁HPより）

表1–3　段階的に発表される防災気象情報と5段階の警戒レベル

気象状況	気象庁等の情報				
大雨の数日～約1日前	早期注意情報（警報級の可能性）				
大雨の半日～数時間前	大雨注意報 洪水注意報	高潮注意報		危険度分布	
	大雨警報に切り替える可能性が高い注意報	高潮注意報		注意（注意報級）	氾濫注意情報
大雨の数時間～2時間程度前	大雨警報※1 洪水警報	高潮警報に切り替える可能性が高い注意報		警戒（警報級）	氾濫警戒情報
	土砂災害警戒情報	※2 高潮警報	高潮特別警報	非常に危険	氾濫危険情報
	土砂災害警戒情報	※2 高潮警報	高潮特別警報	極めて危険	氾濫危険情報
数十年に一度の大雨	大雨特別警報				氾濫発生情報

※1　夜間～翌日早朝に大雨警報（土砂災害）に切り替える可能性が高い注意報は、避難準備・高齢者等避難開始（警戒レベル3）に相当。

※2　暴風警報が発表されている際の高潮警報に切り替える可能性が高い注意報は、避難勧告（警戒レベル4）に相当。

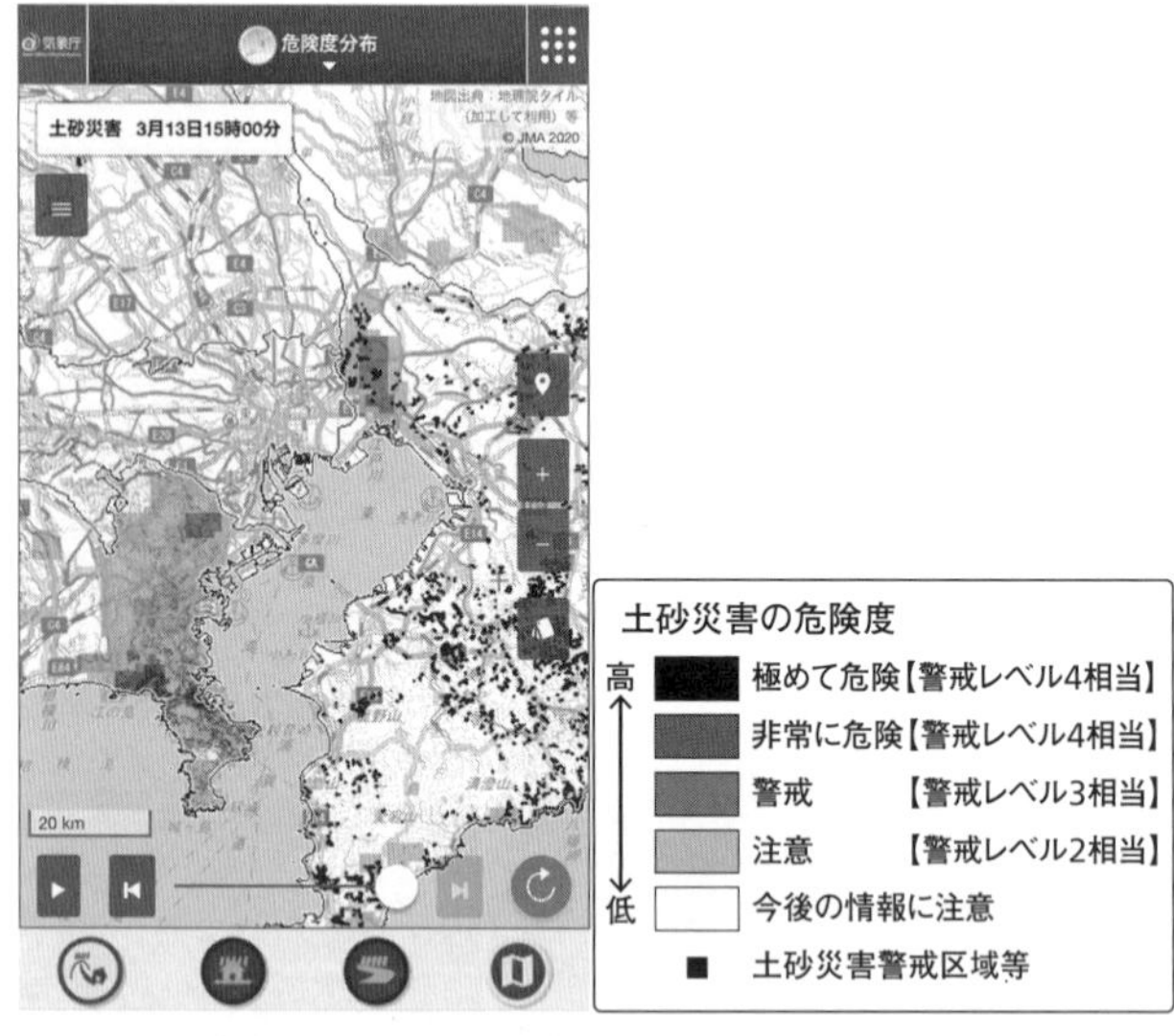

図1–3　土砂キキクル(危険度分布)(気象庁HPより)

急な斜面や川の近くなど、土砂災害によっていのちの危険性がある場所は、都道府県が「土砂災害警戒区域」に指定しています。ハザードマップなどで、自分の住んでいる場所がこの区域に当たるかどうかを確認して下さい。該当する場合は、状況に応じて、建物からの立退き避難が必要となります。

雨が降り出したら、避難情報とともに大雨の情報をよく確認して下さい。大雨注意報が発表されたら、気象庁のホームページにある土砂災害の危険度分布、「土砂キキクル」を使って、住んでいる場所の土砂災害の危険度の高まりをこまめに確認するようにして下さい。土砂災害警戒区域等も重ね合わせて表示することができます。図1―3は私のスマートフォンからの画像で、2021年3月13日15時のものです。凡例から、自分の住む地域の警戒レベルがわかります。実際はカラー画像なので、もっと見やすくなります。高齢者など移動に時間がかかりそうな方は遅くとも「警戒」（レベル3）になったら、一般の方は遅くとも「非常に危険」（レベル4）になったら、土砂災害警戒区域の外の少しでも安全な場所へ避難して下さい。

土砂災害警戒情報は、「非常に危険」（レベル4）と判断されたときに、速やかに発表されます。

②浸水害からいのちを守る

住宅の地下室や道路のアンダーパスは、周囲より早い段階から短時間のうちに、水位が急激に上昇する傾向があります。第一に、大雨のときにはこれらの場所に近づかないようにすることが大切です。

次に、周囲より低い場所（窪地など）にお住まいの方は、浸水害の危険度分布（図1―4）を確認し、遅くとも「非常に危険」になったら屋内のより高い階へ移動するなど、速やかに

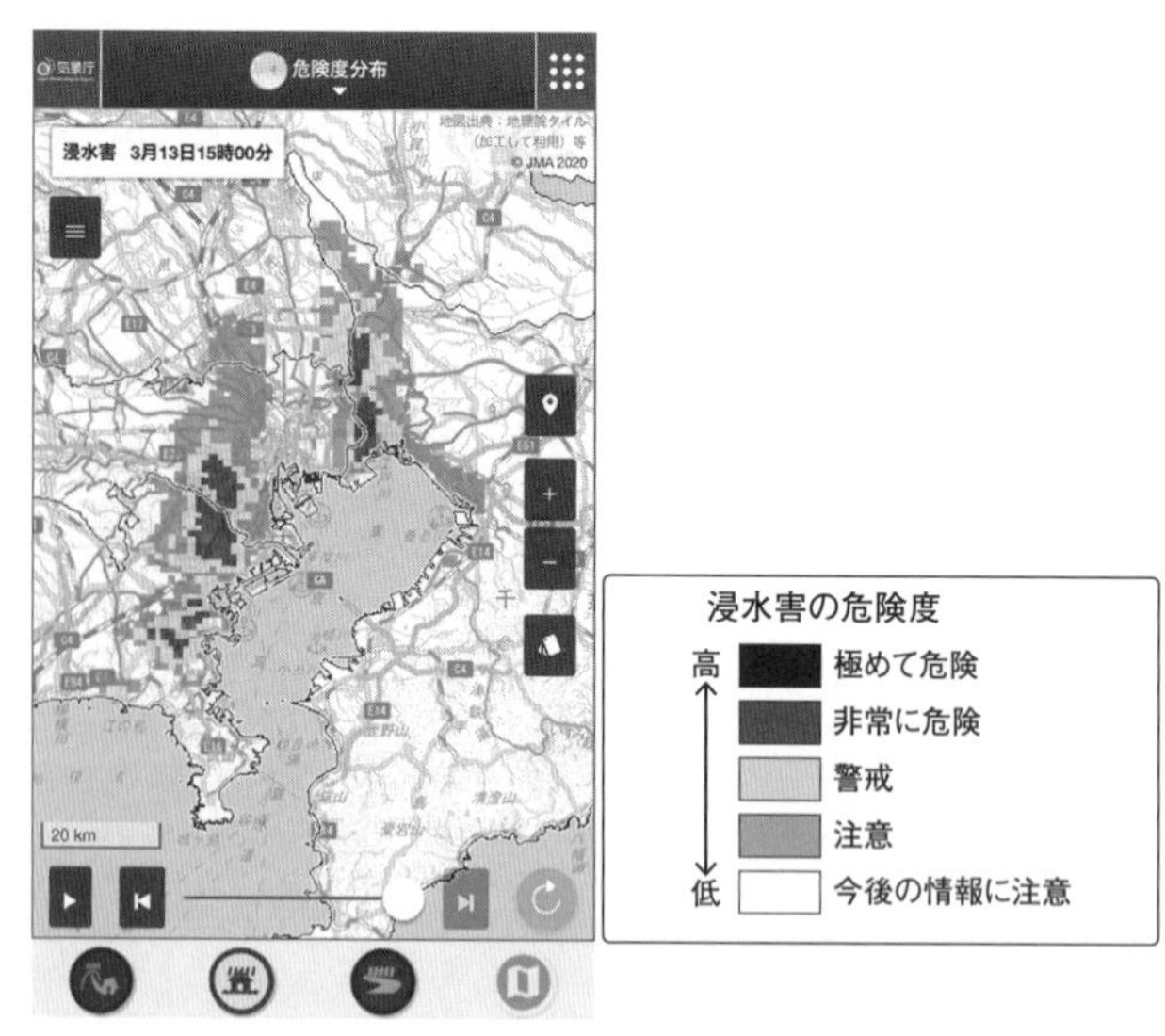

図1-4　浸水キキクル（危険度分布）（気象庁HPより）

安全な場所に移動することが重要です。

③洪水害からいのちを守る

河川が氾濫したときに、水流によって家屋が押し流されるおそれがある場合、浸水の深さが深く、最上階の床の高さまで浸水するおそれがある場合は、早めの立退き避難が必要です。また、山間部の流れの速い河川で、川岸が削られて家屋が押し流されるおそれがある場所も同様です。

「指定河川洪水予報」は、川の水位または流量に対応した氾濫の危険

表1–4　指定河川洪水予報

洪水予報の表題（種類）	求める行動の段階	相当する警戒レベル
○○川氾濫発生情報（洪水警報）	氾濫水への警戒を求める段階	警戒レベル5相当
○○川氾濫危険情報（洪水警報）	いつ氾濫してもおかしくない状態 避難等の氾濫発生に対する対応を求める段階	警戒レベル4相当
○○川氾濫警戒情報（洪水警報）	避難準備などの氾濫発生に対する警戒を求める段階	警戒レベル3相当
○○川氾濫注意情報（洪水注意報）	氾濫の発生に対する注意を求める段階	警戒レベル2相当

（気象庁HPより）

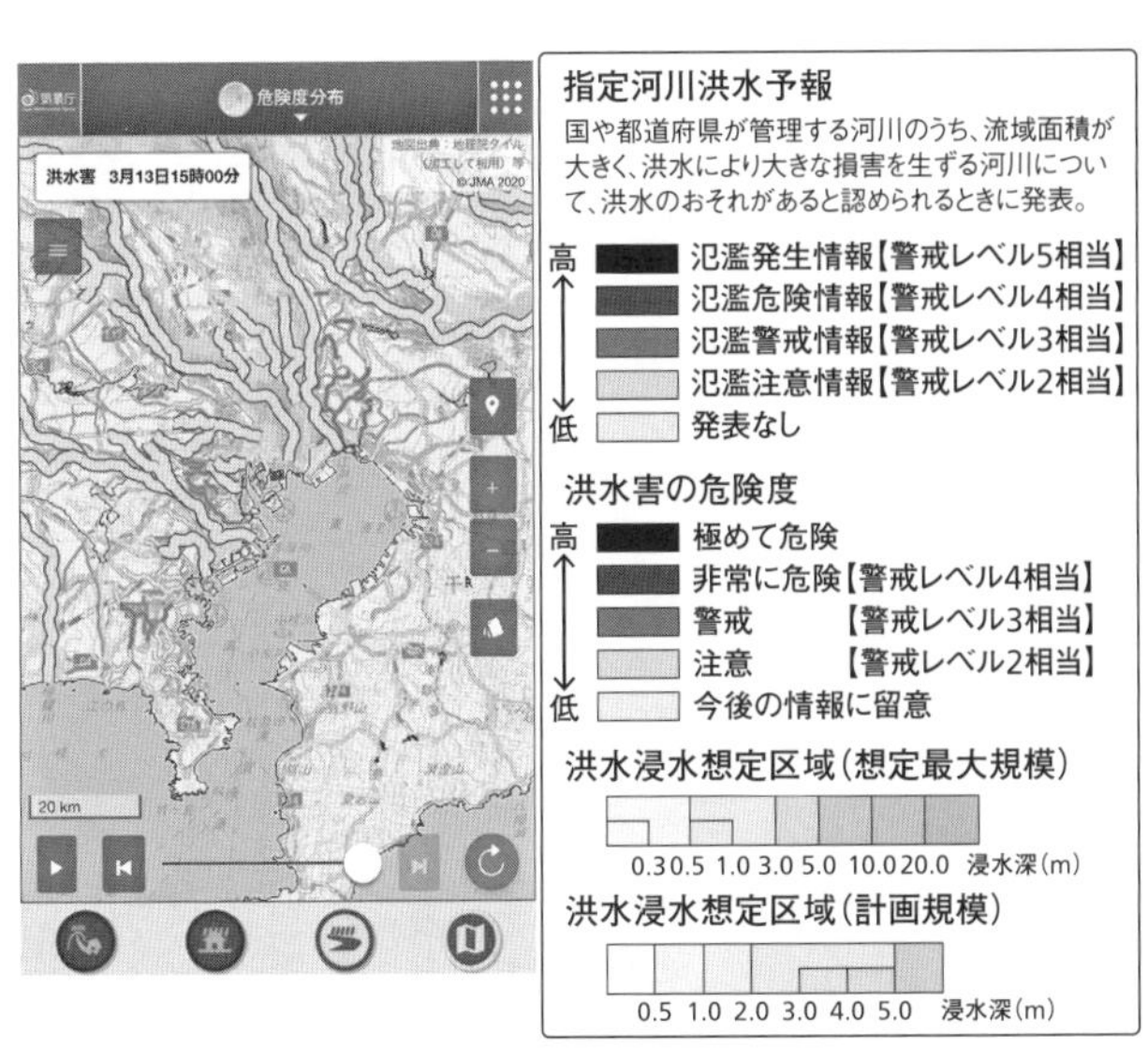

図1–5　洪水キキクル（危険度分布）（気象庁HPより）

度のレベルが、5段階で伝えられます（表1－4）。レベル4の「○○川氾濫危険情報」は、避難の判断基準の基本とされています。

洪水害の危険度分布（図1－5）は、中小河川の洪水災害発生の危険度を5段階で表したもので、中小河川の特徴である急激な増水による危険度の高まりを確認することができます。遅くとも「非常に危険」（レベル4）になったら、河川の水位情報などを確認し、速やかに避難開始の判断をして下さい。大河川で洪水のおそれがあるときに発表される指定河川洪水予報も一緒に表示されています。また、洪水浸水想定区域を重ね合わせて表示することで、自分が住んでいる場所の危険性も確認することができます。

川に流れ込んだ雨水は、時間をかけて下流に流れるため、雨がやんだとしても洪水害の危険度が高いうち（洪水警報が解除されるまで）は警戒が必要です。

④局地的な大雨を監視する

最近は予報技術の向上に伴って、数日先に災害に結びつくような激しい現象が発生することを予想できる場合が多くなってきました。気象庁は「大雨に関する気象情報」を発表し、注意・警戒を呼びかけています。

しかし、予測には限界があり、「場所」「時間」「雨量」のすべてを早い段階でピンポイントに予測するのは難しいのが現状です。自分が影響を受ける範囲で雨が強まるかどうかは、実際に降りはじめた雨の状況や変化を捉えた上で、数時間先までの最新の予報で確認する必要があります。

気象庁の地域気象観測システム「アメダス」によって、全国およそ1300か所、平均して17㎞間隔で、正確な雨量が観測されています。しかし、雨量計による観測は面的には隙間があり、局地的な大雨を捉えきれない場合があります。一方、気象レーダーでは、雨粒から返ってくる電波の強さによって、面的に隙間のない雨量が推定できますが、雨量計の観測に比べると精度が落ちてしまいます。雨粒が雲から地上に落ちる間に風に流されたり、蒸発して消えてしまったりすることなどがあるためです。

この「アメダス」と「レーダー」を組み合わせてそれぞれの長所を活かしたのが、「解析雨量」です。「記録的短時間大雨情報」は、雨量計で観測した観測点名だけでなく、この解析雨量を使って市町村名（付近）が発表され、ニュース速報としてテレビの画面に字幕で表示されます。

気象庁ホームページの「雨雲の動き（降水ナウキャスト）」（図1－6）では、3時間前から現

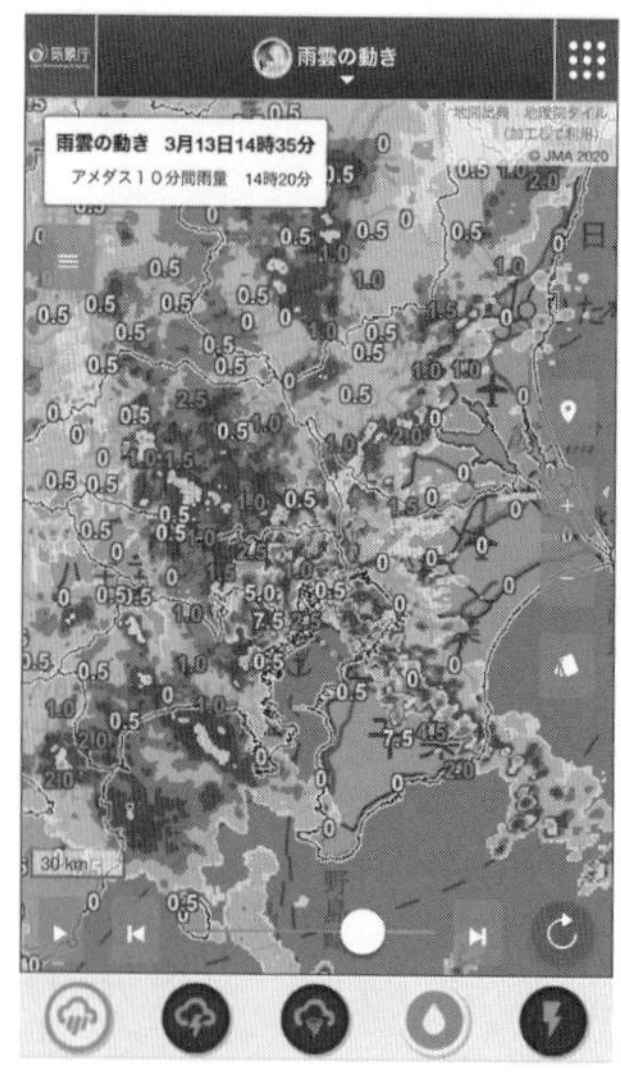

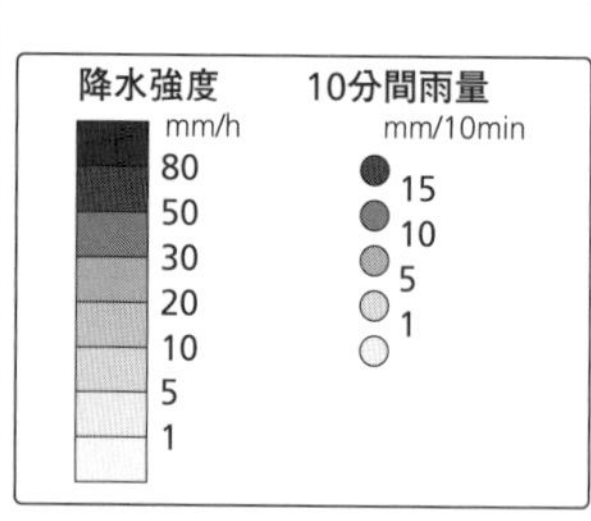

図1–6　雨雲の動き（降水ナウキャスト）（気象庁HPより）

在までの「レーダー」の降水強度と「アメダス」の10分間雨量を合わせて見ることができるとともに、解析に基づいた1時間先までの5分ごとの降水強度の予測をみることができます。今降っている雨がいつまで続くのか、少し雨宿りしていれば弱まるのか、逆に強まるのかなど、目の前の状況判断に役立ちます。

1時間よりも先の降水予報を見たい場合は、「今後の雨（降水短時間予報）」（図1−7）があります。こちらは、15時間先までの1時間ごとの降水量の予測をみることができます。6時間先までの降水量は10分ごと

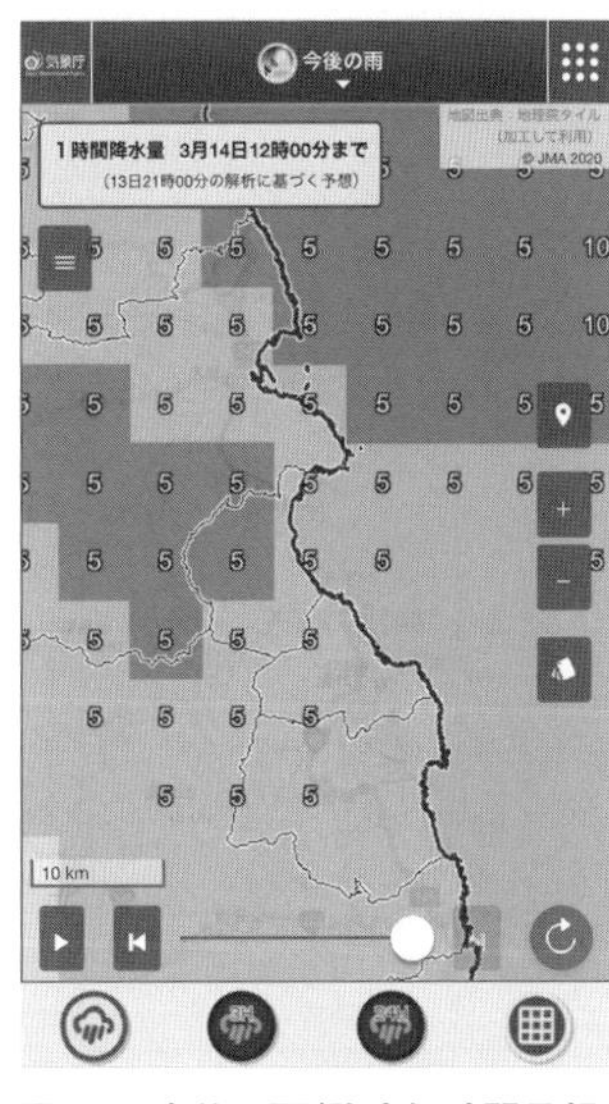

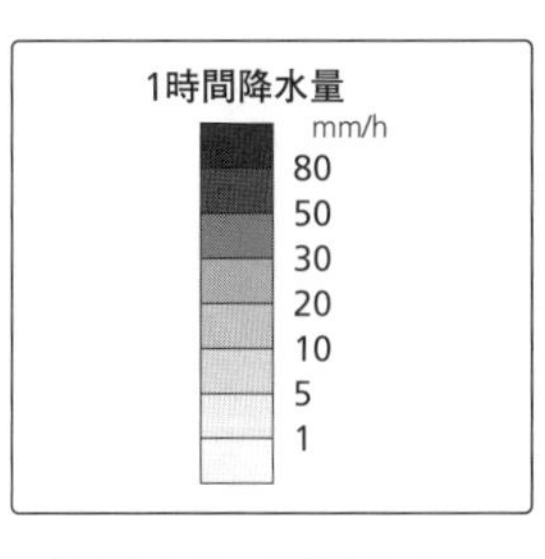

図1–7　今後の雨（降水短時間予報／1時間降水量の予測）（気象庁HPより）

に、7時間先から15時間先までの降水量は1時間ごとに更新されます。また、6時間先までは3時間降水量と24時間降水量の予測（図1–8）を見ることもできます。大雨が降る予想になっているときに、自分がいる場所はどのくらい降るのか、降水量を数値で確認することも可能です。

予測の計算では、降水域の単純な移動だけではなく、地形の効果や直前の降水の変化、数値予報モデルなどさまざまな手法が取られていますが、予報時間が先になるほど精度は悪くなります。つねに最新の予報を確認するようにして下さい。

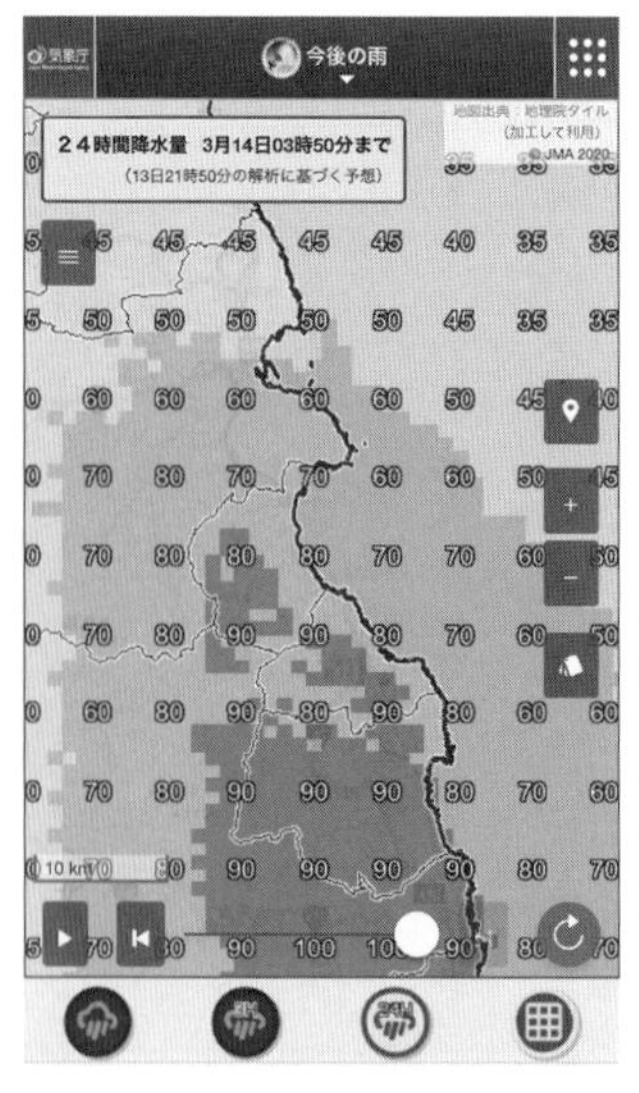

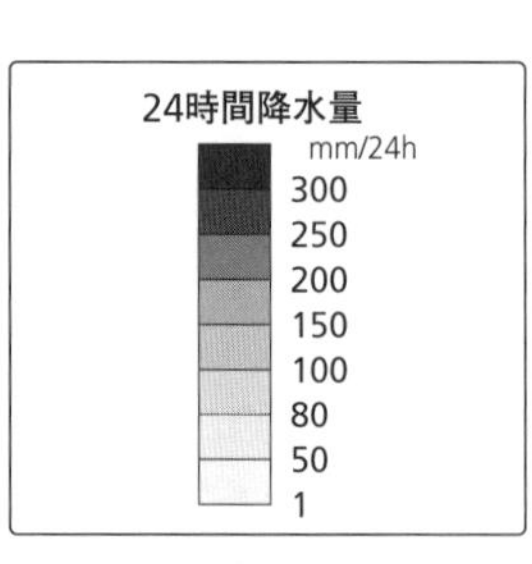

図1–8　今後の雨（降水短時間予報／24時間降水量の予測）（気象庁HPより）

また、携帯電話やスマートフォン向けに、雨が降ることや警報などの発表をメールなどで知らせてくれるサービスやアプリが増えています。NHKが提供している「NHKニュース・防災アプリ」もプッシュ機能（アプリが自動的に新しい情報を知らせてくれる機能）があるので便利です。天気・災害に関する地域設定は3か所まで登録可能で、自宅と会社、あとは実家や子どもの学校などを登録しておくと、その地域の情報が得られます。自分が行動するとともに、家族に教えてあげるという使い方もできます。

⑤ハザードマップで防災シミュレーション

「ハザードマップ」を見て、危険な場所がどこなのかを知ることが防災のスタートです。災害が発生した場合に想定される被害の範囲や程度、避難に関する情報が地図上にまとめられています。

ハザードマップには、「洪水」「内水（浸水）」「土砂災害」といった大雨に関するものだけでなく、「高潮」「津波」「火山」などさまざまな自然災害を対象にしたものがあります。自分の住む地域にはどのようなハザードマップがあるのか、詳しくは各市町村の防災担当窓口でご確認下さい。

国土交通省の「ハザードマップポータルサイト」では、地域ごとのさまざまな種類のハザードマップを見ることができる「わがまちハザードマップ」と災害リスク情報などを地図に重ねて表示できる「重ねるハザードマップ」の2種類を見ることができます。

ただし、ハザードマップを見るときには、気をつけたいことがあります。ハザードマップは、災害が発生する位置や規模などの条件を設定して作られたものであり、それ以上の被害をもたらすような災害が決して起こらないわけではありません。

災害に対する安全性を行政などに過剰に依存している人が多いようにも感じます。避難の情報が発表されていたかどうかにかかわらず、自ら主体的にそのときの状況下で最善を尽くすことでしか、いのちを守ることはできません。災害は現場で起きているのです。

チェック　避難は“事前”に決めておく

① 避難する場所

「避難所」「親戚・知人宅」「ホテル」「在宅避難」「車中泊」など。

ハザードマップで、自分が住んでいる場所で起こりうる災害を確認。

マンションなど頑丈な建物の高い階に住んでいる人などは、自宅にとどまる「在宅避難」も選択肢の一つ。ただ、食料品や携帯トイレなどの備蓄は必須。

一時的に車の中で過ごす「車中泊」もあるが、定期的な運動などエコノミークラス症候群対策や換気が必要。

② 避難スイッチ

気象情報や避難情報など、どの情報で「避難準備の開始」「避難開始」「避難完了」するのか、事前にタイミングを決めておく。

家族構成などで避難にかかる時間は違う。

③ 避難開始までの行動

「川の水位や台風の情報を調べる」「避難に持っていくものを確認」「避難する親戚宅へ連絡」「避難しやすい服に着替える」など、誰が、どのタイミングで行うのか決めておく。

第2章 「台風」の災害リスクをどう減らすのか

1　台風の被害をイメージする

「台風」と聞いて、最初に思い浮かべるのは、どのような被害でしょうか？　名前に「風」が入っていますので、強風による倒木や傘がさせないような状態をイメージする人が多いかもしれません。台風が発生すると天気予報では必ず「台風の進路予想図」（図2−1）が使われ、ここでも台風の「暴風域」や「強風域」といった風の強さの予想が示されます。

しかし、台風がもたらす被害は、ご存じのように「風」によるものだけではありません。気象庁が発表している気象に関する警報は7種類で、NHKのテレビやラジオでは必ず放送されますが、台風の発生時は「暴風」「波浪（はろう）」「高潮（たかしお）」「大雨」「洪水」（大雪、暴風雪を除く）の五つの警報が同時に発表されることも珍しくありません。

1959年の伊勢湾台風のときは「高潮」による大水害が発生し、たった一つの台風で5000人を超える犠牲者が出ました（表2−1）。現在の日本では、台風は、近づくことが事前に予想できる災害となったため、これほど多くのいのちが一度に失われることはなく

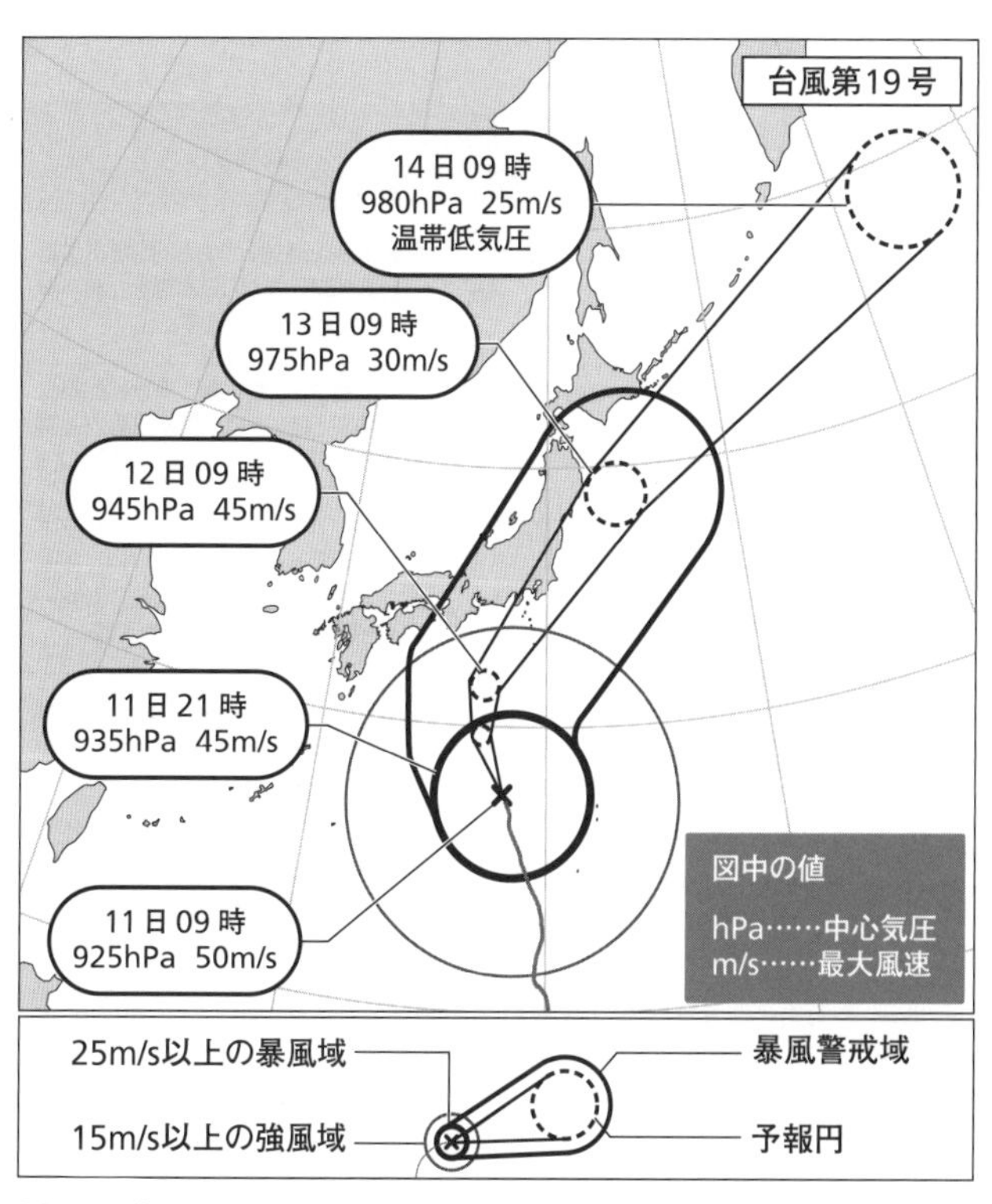

図2–1 台風の進路予想図（2019年10月11日9時／台風第19号／気象庁HPより）

上陸・最接近年月日	台風名	死者・行方不明者（人）	被害状況
2004（平成16）年9月7日	平成16年台風第18号	46	沖縄本島を通過したあと、長崎市付近に上陸。加速しながら日本海を北東へ進み、北海道付近で再発達。
2004（平成16）年10月20日	平成16年台風第23号	98	沖縄本島や奄美大島に接近したあと、高知県に上陸。近畿、東海を通過し、関東で温帯低気圧に。台風と前線により広い範囲で大雨に。
2011（平成23）年9月3日	平成23年台風第12号	98	日本の南海上をゆっくり北上して、高知県に上陸。中国地方を通過し、山陰沖へ。紀伊半島などで記録的な大雨。
2013（平成25）年10月16日	平成25年台風第26号	43	大型で強い勢力で関東沿岸に接近。伊豆大島で猛烈な雨が数時間続き、大規模な土砂災害が発生した。
2019（令和元）年10月12日	令和元年東日本台風	110	大型で強い勢力で伊豆半島に上陸。東日本や東北で記録的な大雨となり、河川の氾濫が相次いだ。

昭和に死者・行方不明者が1,000人を超えたもの、平成に死者・行方不明者が40人を超えたもの。

（気象庁HPの資料をもとに作成）

表2-1　台風による死者・行方不明者数

上陸・最接近年月日	台風名	死者・行方不明者（人）	被害状況
1934（昭和9）年9月21日	室戸台風	3,036	高知県室戸岬付近に上陸。室戸岬で911.6hPaを記録。
1945（昭和20）年9月17日	枕崎台風	3,756	鹿児島県枕崎付近に上陸。戦後間もない時期で、原爆が投下された広島県で大きな被害。
1947（昭和22）年9月15日	カスリーン台風	1,930	紀伊半島沖から房総半島をかすめて、三陸沖を通過。関東地方を中心に大きな被害。
1954（昭和29）年9月26日	洞爺丸台風	1,761	鹿児島県に上陸。中国地方から日本海に抜けて北海道へ。青函連絡船「洞爺丸」の1139人が犠牲になった。
1958（昭和33）年9月26日	狩野川台風	1,269	伊豆半島南端をかすめて、関東地方に上陸。狩野川流域で多くの犠牲者がでた。
1959（昭和34）年9月26日	伊勢湾台風	5,098	和歌山県潮岬付近に上陸。高潮による被害が大きく、日本史上で最悪の台風被害。
1990（平成2）年9月19日	平成2年台風第19号	40	沖縄本島に接近したあと、和歌山県白浜町付近に上陸。北陸や東北を経て、三陸沖へ。全国各地で大雨の被害。
1991（平成3）年9月27日	平成3年台風第19号	62	長崎県に上陸。加速しながら日本海を北東へ進み、北海道へ再上陸。青森県で収穫期前のリンゴが大量に落下するなど、全国各地で強風の被害。
1993（平成5）年9月3日	平成5年台風第13号	48	薩摩半島南部に上陸。九州、四国、中国地方を経て、山陰沖へ。

なりました。

しかし、台風は多種多様な災害を引き起こし、しかも広い範囲に影響を及ぼすため、接近することがわかっていても恐ろしい存在であることに変わりはありません。東日本や東北を中心に記録的な「大雨」をもたらした2019年の令和元年東日本台風（台風19号）のときのように、100人前後の犠牲者がでる災害は最近でも起きています。

自分の身に降りかかる被害は何なのか、それはいつなのか、そして何ができるのか。最新の気象情報・台風情報をもとに、段階を追って対策をとる必要があります。

2 台風による死亡災害

①離れていても「高波」

［2011年の台風12号は、本州付近に近づく前から、太平洋岸を中心に高波による被害をもたらした。8月27日午後1時15分ごろ、愛媛県宇和島（うわじま）市の海岸北東約400mの沖合で、男性が沈んでいるのを知人が発見し、警察に通報。病院に搬送されたが死亡が確認さ

れた。溺死した男性は、同日午前9時から素潜りで海岸付近の貝を採っていた。

8月29日午前11時ごろ、静岡県下田市の海岸で、海水浴客が波にのまれたと、警察と消防に通報があった。十数人が離岸流（りがんりゅう）（海岸から沖への強い流れのこと。流れの幅は10～30m程度で、海岸と平行に泳ぐことで脱出することができる）によって流されたと見られるが、そのうちの男性1人が海岸に打ち上げられているのが発見され、死亡が確認された。このほかにも千葉県南房総市でレジャー中の3人が死亡するなどの事故が発生している。」

台風12号は小笠原諸島の近海で動きが遅くなったため、台風による「うねり」だけが早くから本州付近の沿岸に届き、高知県に上陸する1週間も前から水難事故が相次ぎました。風が弱く、おだやかに晴れていると油断しがちですが、南の海上に台風があるときは、高波に注意が必要です。

②屋根から「転落」

「2012年9月16日午後3時10分ごろ、台風16号の接近に備えて長崎市香焼町（こうやぎまち）の自宅屋根で作業をしていた男性が、約4・8mの高さからコンクリートの地面に転落して死亡した。男性は瓦が飛ばないよう、午後2時半ごろから屋根に上って1人で屋根に土のうを載せていたが、命綱はつけていなかった。」

台風の接近によって風が強まってから屋根に上るのは、たいへん危険です。また、先に降り出した雨によって滑りやすくなっている場合があります。

③「水辺」の様子を見に行って

「２００７年７月15日午前８時ごろ、徳島県吉野川市の風呂ノ谷川で、近くに住む農家の男性が死亡しているのを地元消防団員が発見した。この男性は、台風４号が四国に接近した14日夜、自宅近くの田んぼの様子を見に行ったまま帰宅せず、家族が市役所を通じて警察に通報していた。」

田畑や船の状況を見に行っていのちを落とす人が、後を絶ちません。台風の接近中は外に出ないことが大事ですが、特に用水路や海岸など水辺には絶対に近寄らないで下さい。

④「高潮」が集落へ

「１９９９年９月24日午前６時ごろ、台風18号の影響により熊本県不知火町（現・宇城市）で高潮が発生、わずか10分足らずの間に海水は低地にある集落へ流れ込んだ。天井まで浸水した部屋に閉じ込められるなどして、高齢者や子どもなど12人が死亡した。台風の接近が大潮の満潮時刻に近かったこと、台風がこの地域のすぐ近くを通過したため気圧が低かったことなど、不運が重なった。」

台風の接近と満潮時刻が重なるときは、海面がより高くなって堤防を越える危険性が高まります。海面は月や太陽の引力などによって、通常は1日に1〜2回の割合で、周期的に満潮と干潮が繰り返されます。また、新月や満月の前後の数日間は、満潮と干潮の差が大きい「大潮」となります。このため、大潮の満潮時刻のころは、特に警戒が必要です。

⑤切れた電線で「感電死」

［2011年9月21日夕方、神奈川県相模原市で、垂れ下がっていた電線をどけようとしたバスの運転士の男性が感電し、死亡した。台風15号の影響で、電線が切れていたと見られている。」

電線が切れて落ちていても、電気が止まっているとは限りません。絶対に近寄らないで、警察や電力会社に連絡して下さい。

3　台風の対策は3段階

①台風が発生したとき

台風の影響が最初に現れるのは海です。台風が遠く離れていて、岸に接近しないコースを通る場合でも、「うねり」が届いて波は高くなります。天気予報で波の高さを確認しましょう。

日本付近に「前線」がある場合は、台風周辺の暖かく湿った空気が流れ込んで、前線の活動が活発になります。前線付近では暖かい空気が冷たい空気の上に乗り上げたり、冷たい空気が暖かい空気の下に潜り込むことで、上昇気流が発生して雲ができます。「前線＋台風」だと「台風の接近前から大雨になる」と覚えておいて下さい。日本に影響を及ぼす台風の場合は、その台風の特徴や警戒すべき点がテレビやラジオ、インターネットなどで伝えられますので、最新の情報を確認する必要があります。

②台風が接近しそうなとき

台風の進路予想で、自分がいる場所に近づくことが予想されている場合は、雨や風が強まる前日までに備えを終わらせて下さい。

強い風に備えて、ベランダや庭など屋外に置いてある、飛ばされやすいもの（植木鉢、物干し竿、自転車など）はしっかりと固定するか、屋内に入れて下さい。

大雨に備えて、雨どいや排水溝、側溝に溜まった土砂や落葉を掃除して、水はけをよくしておくことで、被害を軽減することができます。河川のそばや海岸線沿い、低地に住んでいる場合は、浸水の危険性を意識して下さい。ぬれると困るものを、あらかじめ高い場所や2階以上の階に移動しておくと、もしものときに自分の身を守ることに専念できます。

停電に備えて、懐中電灯や携帯ラジオを用意し、電池が切れていないかを確認しましょう。最新情報や安否確認のために、スマートフォンのモバイルバッテリーは平常時から持ち歩いて下さい。食料や生活必需品は、避難生活が長期化することも見越して、1週間以上の備蓄をしておきましょう。断水に備えて、トイレなどの生活用水に使う水を浴槽に張っておくことをお勧めします。

すぐに避難ができるように、最寄りの避難場所や、そこへ行くための安全な経路を、家族全員で確認しておきましょう。この情報がでたとき、もしくは近くの川の水位がここまで上昇したときなど、避難を始める基準「避難スイッチ」を、家族で具体的に決めておくと、躊躇（ちゅうちょ）することなく早めに避難することできます。

③台風が接近しているとき

原則は屋内にいて、外に出ないことです。特に台風の暴風域に入る時間帯に外に出るのは、たいへん危険です。風は急激に強まることがありますので、風が弱くても周囲の様子を見に行くなどの外出は控えて下さい。テレビやラジオ、インターネットなどで台風情報や警報の発表状況などをこまめに確認し、台風が通り過ぎるのを待ちましょう。強い風で飛ばされたもので、窓ガラスが割れることがありますので、雨戸やカーテンは閉めて、窓からはできるだけ離れて過ごして下さい。

河川や海岸の近く、がけの下などに住んでいて、身の危険を感じたときは、自治体が発表する避難の情報を待たずに自主的に避難して下さい。「避難する」とは、避難所へ行くことではなく、安全を確保する行動のことです（図2−2）。周りの道路が冠水している場合などは外に出るとかえって危険なことが多く、車でも流されるおそれがあります。自宅の2

「避難する」とは＝ ✕「避難所へ行く」
〇「安全を確保する」

図2–2 「避難する」とは?

階以上で、斜面や崖から離れた部屋へ移動する、もしくは、すぐ近くにマンションなど頑丈な建物があれば、上の階に避難させてもらうなど、状況に応じてより安全と思われる行動をとる必要があります。最終的に判断をするのは現場にいる自分自身であり、そのためにはある程度の知識が必要になります。

4 知っておきたい台風の知識

台風は海面水温が高い低緯度で多く発生します。上昇気流が発生しやすく、この気流によって次々に発生した積乱雲が集まることで熱帯低気圧となります。最大風速が17・2m／秒（以下、m／s）以上になった熱帯低気圧のことを「台風」と呼びます。

①台風の大きさと強さ

台風の勢力は風速（10分間の平均風速）をもとに、「大きさ」と「強さ」の二つで表されます（表2－2）。

表2–2　台風の「大きさ」と「強さ」(気象庁HPより)

台風の大きさ	
階　級	風速15m/s以上の半径
大型（大きい）	500km以上～800km未満
超大型（非常に大きい）	800km以上

台風の強さ		
階　級		最大風速
熱帯低気圧		17.2m/s未満
台　風	(特になし)	17.2m/s以上～33m/s未満
	強い	33m/s以上～44m/s未満
	非常に強い	44m/s以上～54m/s未満
	猛烈な	54m/s以上

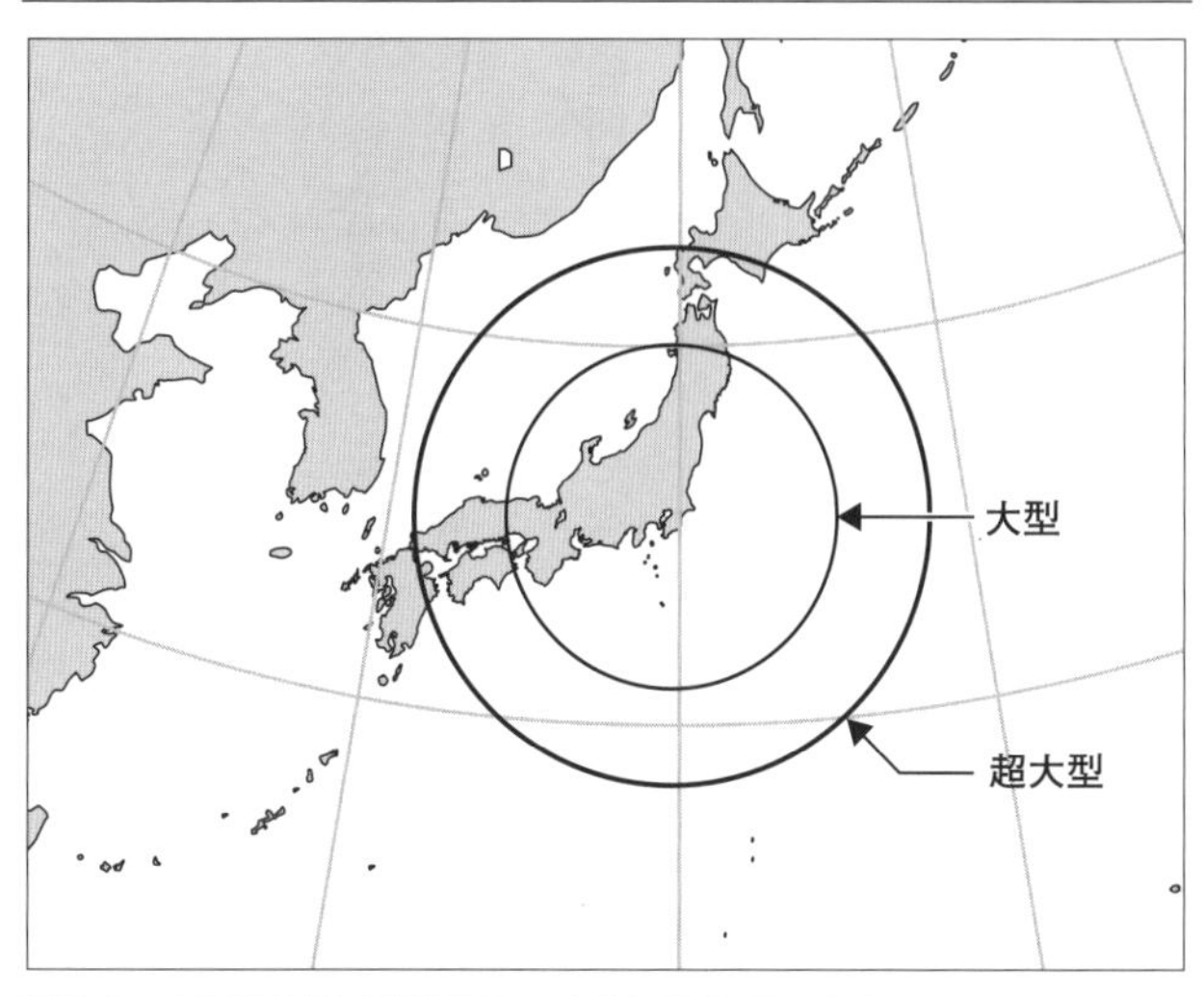

図2–3　「大型」「超大型」台風の大きさ(気象庁HPより)

「大きさ」は強風域（風速15m／s以上の強い風が吹く可能性のある範囲）の半径で決まります。大型の台風の半径は500km以上で、「東京〜大阪」の距離を上回ります（図2−3）。超大型の台風の半径は800km以上で、「東京〜札幌」の距離に匹敵し、強風域は日本列島をほとんど覆うほどの大きさです。

「強さ」は中心付近の最大風速で決まります。台風が発達して気圧が下がり、最大風速が33m／s以上になると「強い台風」、さらに発達すると「非常に強い台風」や「猛烈な台風」と呼ばれます。

台風が大きくなれば、台風の影響を受ける範囲が広がるだけでなく、影響を受ける時間も長くなります。一方で、台風が小さくて強い場合は、接近したときに急激に風が強まるため、死傷者が多くなる場合があります。

② 台風の進路予想図の見方

気象庁が発表する台風の進路予想図（図2−4）は、風速15m／s以上の「強風域」を黄色い円（図では細いグレーの線）で、その内側に風速25m／s以上の「暴風域」がある場合は赤い円（図では黒い太線）で表しています。

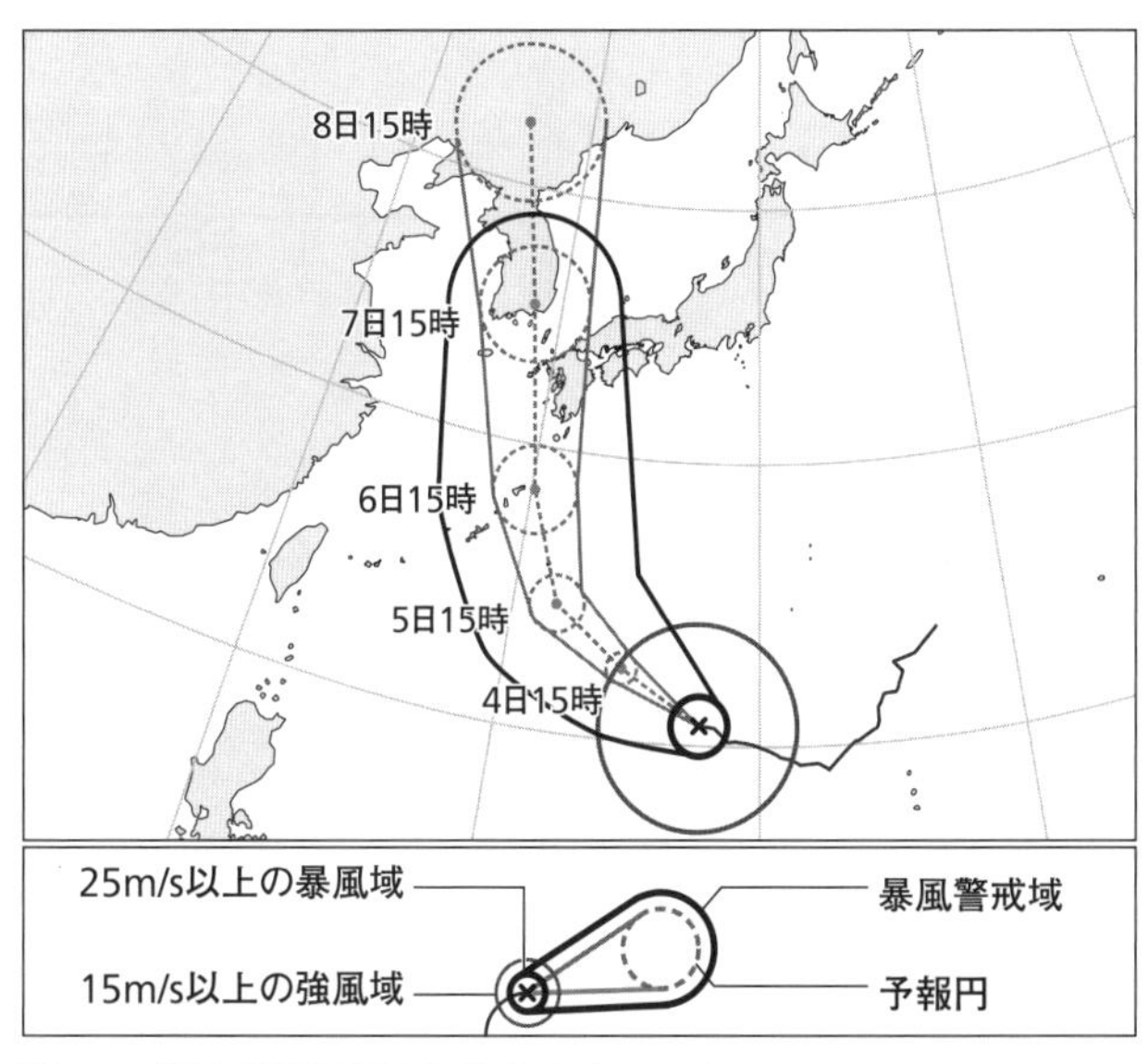

図2–4 「強風域」と「暴風域」（気象庁HPより）
2020年9月3日15時発表の台風第10号の進路予想図。

台風の大きさを強風域で決めていることからもわかるように、危険なのは暴風域だけではありません。風速15m／s以上は、風に向かって歩けないくらいで、高所での作業は極めて危険です。風速25m／s以上は、樹木が倒れたり、看板などが落下するおそれがあるため、屋外での行動は極めて危険になります（表2–3）。

台風の進路の予想は「予報円」（点線）で表されます。約70％の確率で、台風の中心がこの円の中に移動します。「暴風

表2–3　風の強さと吹き方

風の強さ（予報用語）	平均風速（m/s）	人への影響	屋外・樹木の様子	走行中の車	建造物	おおよその瞬間風速（m/s）
やや強い風	10以上15未満	風に向かって歩きにくくなる。傘がさせない	樹木全体が揺れ始める 電線が揺れ始める	道路の吹流しの角度が水平になり、高速運転中では横風に流される感覚を受ける	樋(とい)が揺れ始める	20
強い風	15以上20未満	風に向かって歩けなくなり、転倒する人も出る。高所での作業は極めて危険	電線が鳴り始める 看板やトタン板が外れ始める	高速運転中では、横風に流される感覚が大きくなる	屋根瓦・屋根葺材がはがれるものがある 雨戸やシャッターが揺れる	30
非常に強い風	20以上25未満	何かにつかまっていないと立っていられない。飛来物によって負傷するおそれがある	細い木の幹が折れたり、根の張っていない木が倒れ始める 看板が落下・飛散する。道路標識が傾く	通常の速度で運転するのが困難になる	屋根瓦・屋根葺材で飛散するものがある。固定されていないプレハブ小屋が移動、転倒する。ビニールハウスのフィルム（被覆材）が広範囲に破れる	40
	25以上30未満	屋外での行動は極めて危険		走行中のトラックが横転する	固定の不十分な金属屋根の葺材がめくれる 養生の不十分な仮設足場が崩落する	
猛烈な風	30以上35未満					50
	35以上40未満		多くの樹木が倒れる 電柱や街灯で倒れるものがある ブロック壁で倒壊するものがある		外装材が広範囲にわたって飛散し、下地材が露出するものがある	60
	40以上				住家で倒壊するものがある。鉄骨構造物で変形するものがある	

（気象庁HPの資料をもとに作成）

警戒域」は、台風の中心が予報円に入った場合に、暴風域に入ると予想される範囲で、厳重な警戒が必要です。２０２０年9月からは、台風だけでなく、24時間以内に台風に発達すると予想される熱帯低気圧についても、５日先までの予想進路や強度が発表されるようになりました。

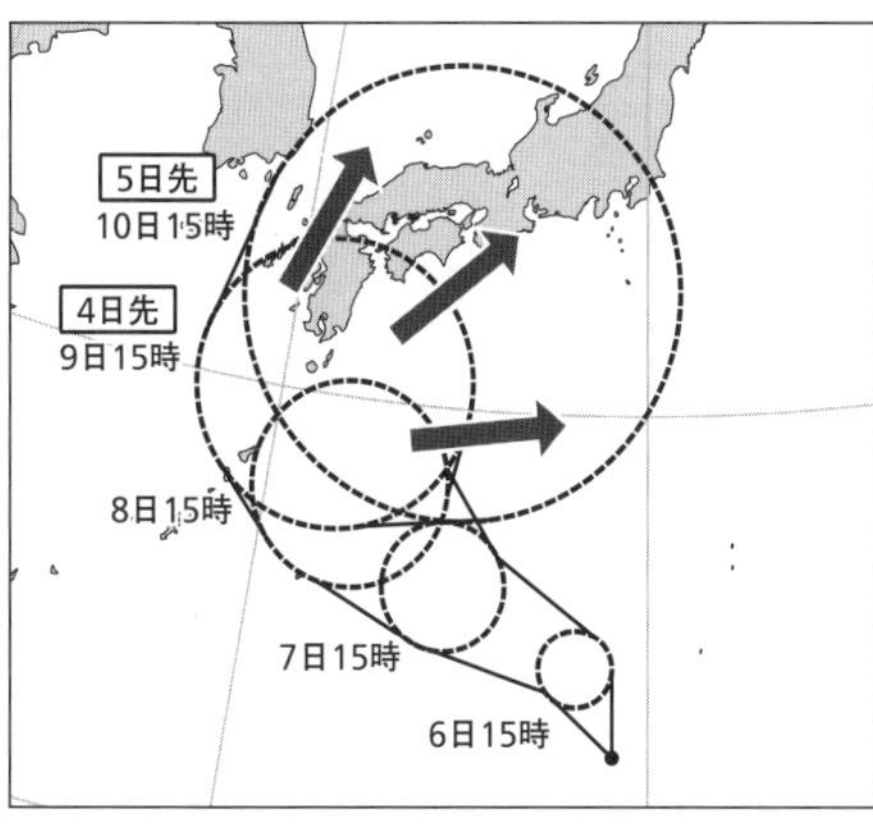

図2–5　予報円が大きい場合

また、予報円が大きいとき（図2－5）は、台風の進路予想のぶれが大きく、進路がまだ定まっていないことを表しています。

③「平均風速」と「瞬間風速」

天気予報で単に「風速」といった場合は、「10分間の平均風速」のことです。これに対して「瞬間風速」は一時的に吹く突風の強さのことで、気象庁の観測では風速計の測定値（０・25秒間隔）を3秒間平均した値（測定値12個の平均値）が使われています。「最大風速」「最大瞬間風速」は、それぞれの最大値のことです。瞬間風速は平均風速の1・5倍程度になることが多いのですが、3倍以上になることもあります。風の吹き方には絶えず強弱の変動があり、このことが油断を招くなどして被害を大きくしています。

私は気象キャスターの立場として、予想される最大風速や最大瞬間風速の数字を伝えるだけでなく、その風が吹くことでどのような影響・被害があるのかを伝えるように心がけています（表2−3）。

④台風で吹く風の特徴

台風は大きく渦を巻いた雲であり、地上付近では反時計回りに強い風が吹き込んでいます。台風の進行方向の右側は、台風に吹き込む風と台風を移動させる周りの風が同じ方向に吹くため、風は特に強まります（図2−6）。

発達した台風の中心付近には、「台風の眼」と呼ばれる、風が弱く雲の少ない半径数十㎞の地域があります。しかし、台風の眼の周辺は最も風が強い地域です。台風の眼が通過したあとには、それまでと風向きが反対の強い風が吹き返しますので、いったん風が弱まっても油断してはいけません。

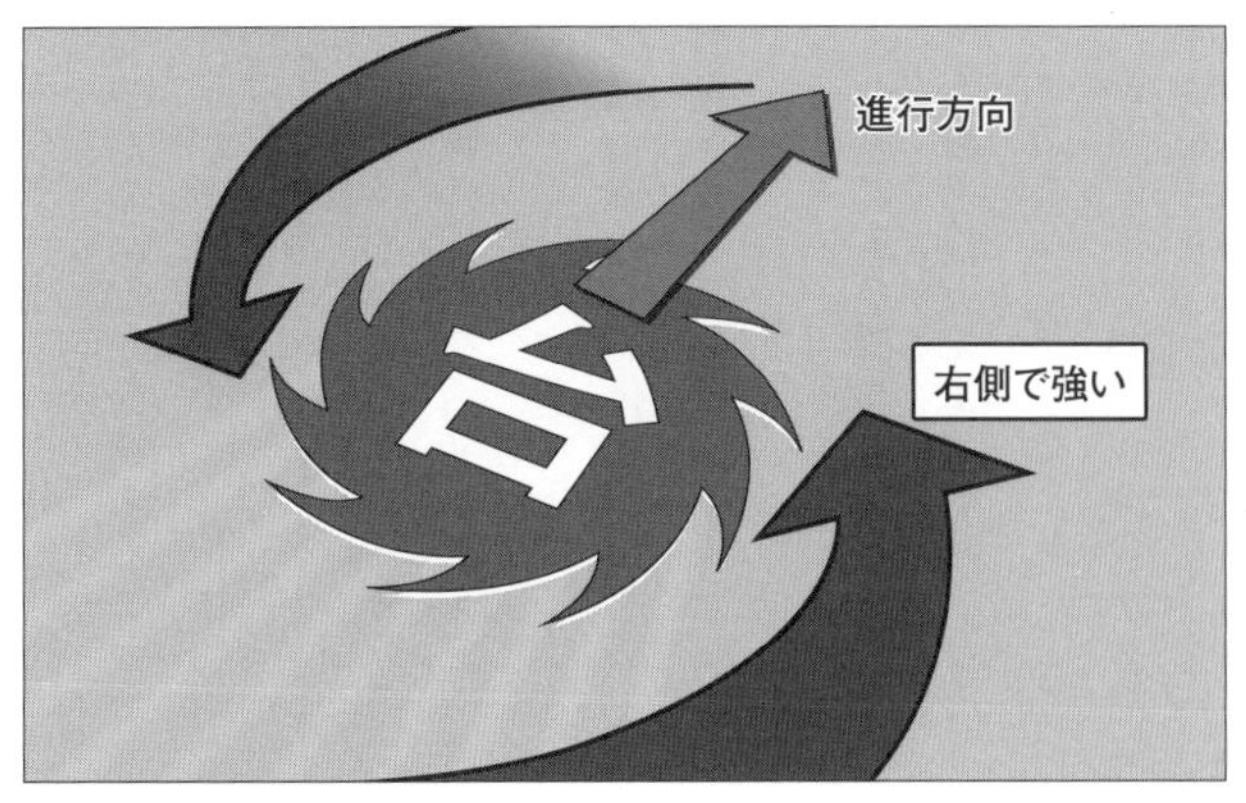

図2–6　台風の風の特徴

⑤ **台風で降る雨の特徴**

台風の眼の周りには壁のように雨雲が発達していて、この壁のすぐ外側の内側降雨帯には雨雲が隙間なく広がっています（図2–7）。台風の中心が近づくと、激しい雨が降り続くのはこのためです。

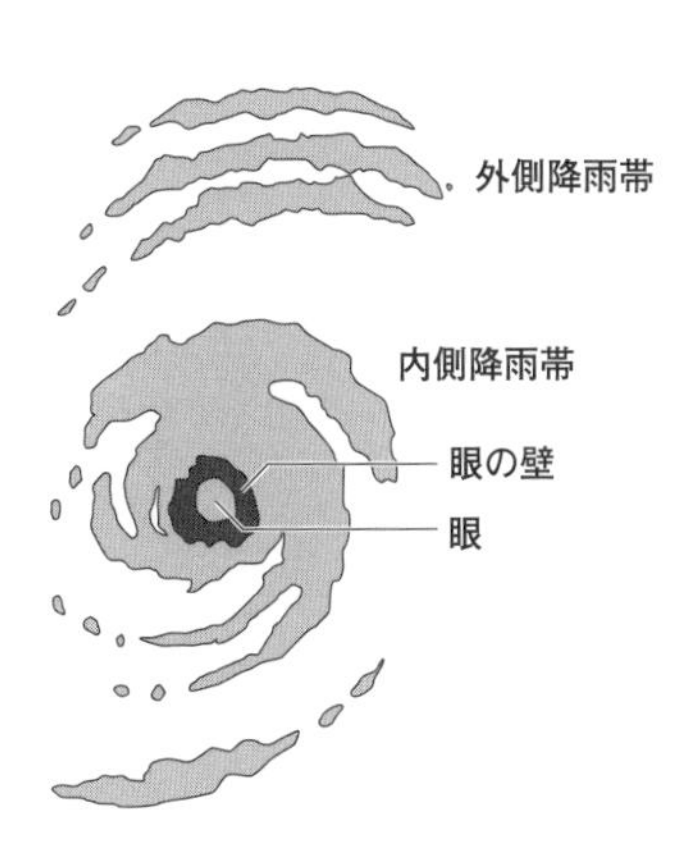

図2–7　台風で降る雨の特徴

一方、台風の中心から外側に200～600㎞離れたところ（外側降雨帯）には帯状にいくつかの雨雲が発達することがあります。この周辺では激しい雨が降ったりやんだりすることが多いのですが、帯状の雨雲がかかり続ければ災害を引き起こすような大雨になることがあります。

また、日本付近に前線がある場合は、台風が南の海上から持ち込んだ暖かく湿った空気が前線の活動を活発化させて、台風の接近前から大雨になることがあります。

台風の進路予想を見て、自分の住む場所から離れていると油断しがちですが、雨の降る量は台風の中心付近が最も多くなるとは限りません。風と雨は分けて考えて、それぞれの対策をする必要があります。

⑥台風による海面上昇（高潮）

台風の接近によって起こる海面の上昇には、「吹き寄せ効果」と『吸い上げ効果」の二つがあります（図2—8）。

台風による強風が沖合から沿岸に向かって吹くと、吹き寄せられた海水によって、沿岸の海面が高くなります。この「吹き寄せ効果」による海面上昇は、風速が2倍になれば4

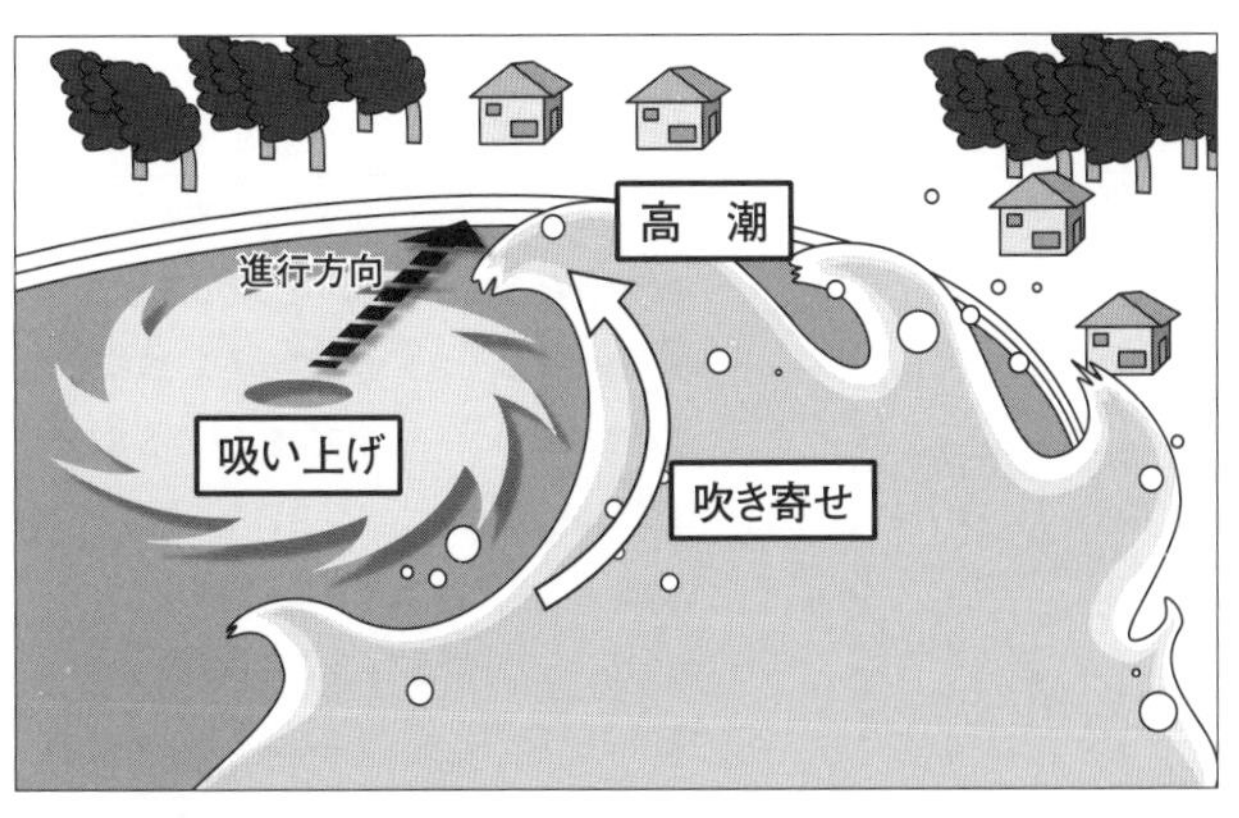

図2–8　台風の進路と高潮

倍になります。南に開いた湾（東京湾、伊勢湾、大阪湾、瀬戸内海、有明海など）は台風が西側を北上した場合に強い南風が吹き続けるので、高潮が発生しやすくなります。

また、台風が接近して気圧が低くなると、海面が持ち上がる「吸い上げ効果」が起こります。気圧が1ヘクトパスカル（hPa）下がると、海面は約1㎝上昇するといわれています。

⑦「風浪」と「うねり」

波の高さは、「風浪」と「うねり」が合わさったものです。

「風浪」は、風が吹くことによってその場所に発生する波のことで、波の形は尖っています。一方で「うねり」は、ほかの場所で発生した風浪が

表2–4　波浪表

用語	波高（m）
おだやか	0 から 0.1 まで
おだやかなほう	0.1 をこえ 0.5 まで
多少波がある	0.5 をこえ 1.25 まで
波がやや高い	1.25 をこえ 2.5 まで
波が高い	2.5 をこえ 4 まで
しける	4 をこえ 6 まで
大しけ	6 をこえ 9 まで
猛烈にしける	9 をこえる

（気象庁HPより）

伝わったものや、風が収まったあとに残された波のことで、波の形は丸みを帯びています。

波が高くなる条件は、①風が強い、②風が同じ方向に吹く時間が長い、③風が同じ方向に吹く距離が長い、の三つです。台風はこの全てを満たしていて、台風の中心付近では波の高さが9mを超える猛烈なしけになることがあります（表2―4）。波浪警報の発表基準は、おおよそ外海で6m、湾内や内海で3m程度です。

また、波浪予報などで使われている波高は、「有義波高」と呼ばれるものです。これは一定期間に観測された波のうち波高の大きいほうから1／3までの波の高さを平均した値です。人が目で見て感じる波の高さは、有義波高にほぼ等しいといわれています。

同じような波の状態が続くときに、100波に1波は有義波高の1・5倍、1000波に1波は2倍近い巨大な波（一発大波）が発生するため、岸壁や岩場などで釣りをする際などは特に注意が必要です。

表2–5　気象等に関する特別警報の発表基準

<table>
<tr><th>現象の種類</th><th colspan="2">基準</th></tr>
<tr><td>大雨</td><td colspan="2">台風や集中豪雨により数十年に一度の降雨量となる大雨が予想される場合</td></tr>
<tr><td>暴風</td><td rowspan="3">数十年に一度の強度の台風や同程度の温帯低気圧により</td><td>暴風が吹くと予想される場合</td></tr>
<tr><td>高潮</td><td>高潮になると予想される場合</td></tr>
<tr><td>波浪</td><td>高波になると予想される場合</td></tr>
<tr><td>暴風雪</td><td colspan="2">数十年に一度の強度の台風と同程度の温帯低気圧により雪を伴う暴風が吹くと予想される場合</td></tr>
<tr><td>大雪</td><td colspan="2">数十年に一度の降雪量となる大雪が予想される場合</td></tr>
</table>

（気象庁HPより）

5　特別警報とマイ・タイムライン

気象庁は2013年8月から「特別警報」の発表を始めました（表2−5）。これは数十年に一度の強度の台風が予想されるときなど、重大な災害が起こるおそれが著しく高まっている場合に発表される情報で、最大級の警戒を呼びかけるものです。いのちを守るために最善を尽くさなければならない状況です。

ただし、特別警報が発表されたときには、すでにどこかで災害が発生していることも多く、この発表を待ってから行動していては手後れになります。

自分が住む場所のリスクを知り、どのような避難行動が必要か、どういうタイミングで避難するべきかを考え、自分自身がとる防災行動計画「マイ・タイムライン」を作っておく必要があります。国土交通省や東京都防災ホームページなどから作成シートをダウンロードできますので、家族で話し合いながら作ってみて下さい。

台風による災害は「暴風」「波浪」「高潮」「大雨」「洪水」と警戒すべき点が数多くあります。しかし、台風の発生から接近までは3日以上かかることが多く、早めに適切な対策をとることで被害を最小限にし、いのちを守ることができるのです。2017年5月からは「早期注意情報（警報級の可能性）」が始まりました。警報級の現象が5日先までに予想されているときに、その可能性を［高］［中］の2段階で発表するものです。これによって、早い段階で危機意識を共有し、災害に備えることができるようになっています。

チェック　台風対策「いつ」「どこで」「何を」

【台風が発生】
- 海は高波（うねり）に注意
- 前線+台風＝大雨
- 気象情報を確認（台風の特徴）

【台風が接近する予想】前日までに対策
- 屋外にある植木鉢、物干し竿、自転車などは固定するか屋内へ
- 排水溝などを掃除して、水はけをよく
- ぬれると困るものは2階以上に移動
- 海岸付近は、満潮時刻を確認
- 懐中電灯、携帯ラジオ、電池の予備
- ペットボトルに水（飲料用水）、浴槽に水（生活用水）
- 避難する場所や避難経路を家族と確認
- 気象情報を確認（台風の接近時刻とコース）

【台風が接近しない予想】
- 高波と大雨の対策は継続
- 気象情報を確認（台風の影響）

【台風が接近中】
- 原則は屋内にいて、外に出ない（見回り禁止）
- 雨戸やカーテンは閉めて、窓から離れて過ごす
- 身の危険を感じたときは、早めに自主避難
- 気象情報を確認（警報や避難情報）

【台風が接近しなかった】
- 高波と大雨の対策は継続
- 気象情報を確認（台風の影響）

【台風が遠ざかったあと】
- 吹き返しの風に注意、温帯低気圧に変わって風が強まることも
- 海岸に近寄らない（風が弱まっても、高波は続く）
- 増水した川に近寄らない
- 切れた電線に近寄らない
- 気象情報を確認（台風の影響や被害）

第3章 「雷」の常識は間違いだらけ

1 「雷」は光と音の時間差で安心してはいけない

「ピカッ」……「ゴロゴロ」「ドーン！」（写真3—1）

稲妻（いなづま）が光ったあと、雷の音が聞こえるまでの秒数を、ドキドキしながら数えた経験があるのは、私だけではないと思います。これが光と音の速度の差によることは、よく知られています。瞬時に届く光（約30万km／秒）に対して、音（音速は約３４０ｍ／ｓ）が到達するのが10秒遅れるときは、３４００ｍ程度離れたところで雷が発生しています。これは正しいのですが、「ゴロゴロ」とかすかにでも聞こえ始めたら、次の瞬間に自分の近くに落雷する危険があることは、あまり知られていません。

雷の音が聞こえる範囲は通常10km程度です。一方、雷雲（積乱雲）には数十kmの広さの「スーパーセル」と呼ばれるものや、直径10km程度の雷雲がいくつか連（つら）なっているものもあり、雷の音が聞こえたときには雷雲の下に入り込んでいる可能性があります。また、雷は真下だけでなく、斜めに広がって落ちることがありますので、頭上が晴れていても落雷の危険があります。

写真3–1　落雷の瞬間（2020年8月15日21時23分頃、茨城県筑西市で撮影。提供：青木豊）

雷が聞こえても金属類を体から外す必要はありません。むしろ金属類が身を助ける場合もあります。落雷を受けたときに、金属の周りに火傷（やけど）を負うことがありますが、これは雷の電流が金属に多く流れるためです。その分だけ体を流れる電流が減って、いのちが助かったとみられる事例があります。

ゴム長靴やビニールのレインコートを身につけていても、少しも安全ではありません。ゴムやビニールは電気を通さない絶縁体ですが、高い電圧では電気が流れてしまいます。雷の電圧は約1億ボルトもあり、厚さ5㎞以上の空気の絶縁を切り裂く現象が雷なのです。

一度雷が落ちたらもう安全というわけではありません。雷は15秒程度の間隔で続けて落ちることが多く、その間にできるだけ安全な場所に移動することが大切です。しかし、0・1秒後に次の落雷が発生することもあり、15秒程度というのは必ずしも安全な時間とはいえません。

落雷の事故は、避難する建物がほとんどない山や海辺のほか、公園やグラウンド、田畑など日常的な場所でも発生しています。日本での落雷による負傷者は1年間に平均で11・8人、また、平均で3・0人の方が亡くなっています（警察白書2000〜2009年データより）。「運」に身を任せるのではなく、雷の正しい知識をもとに、リスクを減らす行動をとることが大切です。

2 雷による災害

①傘をさすのは危険

［2002年8月4日午前8時ごろ、岩手県西根町（にしねちょう）の赤川（あかがわ）堤防で、傘をさして犬の散歩

をしていた男性が落雷の直撃を受けて死亡した。当時は寒冷前線が通過中で、雷を伴う激しい雨が降っていた。」

雷は近くに高いものがあると、そこを通って落ちる傾向があります。これを利用したのが避雷針(ひらいしん)で、周辺に落ちるはずの雷を引き寄せて、安全に地面へ流しています。山や海、河川敷(かせんじき)、そして堤防など、周辺に高い建物がない場所では、傘をさすことは、避雷針を掲げるようなものでたいへん危険です。近くにすぐ避難できる場所がないときは、できるだけ姿勢を低くし、傘などの長いものは頭より高く突き出さないようにして下さい。

②ひらけた場所では、どこに落ちてもおかしくない

「2005年8月23日、東京都江戸川区で行われた都高体連の軟式野球新人戦の試合中に、河川敷野球場の二塁ベース後方10mの芝生(しばふ)に落雷。二塁塁審と右翼手の高校生2人が負傷。さらに、隣接するグラウンドのベンチにいた高校生が、ショックで一時過呼吸状態。青空が見えていたが、遠くに雷鳴は聞こえていた。」

グラウンドやゴルフ場、テニスコートなどでスポーツをしているとき、頭上に突き出したバットやゴルフクラブなどに落雷する事故は、過去に多く発生しています。しかし、グラウンドなどのひらけた場所にプレーヤーが散らばっているような状態では、身長差ぐらいでは有利・不利ということはあまりなく、誰に落ちてもおかしくありません。前記の事故のように、芝生に落雷することもあります。また、晴れていても落雷することがありますので、雷の音が聞こえたらスポーツは中断して、近くの建物や車の中に避難して下さい。雷の音がやんでも20分以上は安全な場所に待機して、雷雲が遠ざかるのを待ちましょう。

③木の下での雨宿りは危険

「２０１２年８月18日、大阪市東住吉区の長居公園で、急に降り出した雨を避けようとして、コンサート会場に向かう人らが屋外トイレや木陰に駆け込んだところで落雷が発生した。木の下で雨宿りをしていた女性２人が死亡した。」

急に強い雨が降り出すと、木の下に避難する人がたくさんいます。しかし、雷が鳴っているときは非常に危険ですので絶対にやめて下さい。高い木は落雷を受ける可能性が高く、雨宿りしている木に雷が落ちると、木の幹や枝から人体へ雷が飛び移る「側撃雷」を受けることがあります。木から４メートル以内には近づかないで下さい。

④感電による溺死

［2005年7月31日午後0時30分ごろ、千葉県白子町の中里海岸の波打ち際に2回の落雷があり、近くにいた男女9人が感電、1人が死亡した。雷注意報が発表されており、激しい雷雨の中、監視員が海水浴客を陸上に誘導している最中の事故だった。］

海辺は周りに高い建物がないため、人体に落雷しやすい場所の一つです。ビーチパラソルの下や海辺でのサーフィン、釣りなどは特に危険ですが、何もない砂浜や海面にも落雷することがあります。海の中にいて近くに落雷があると、感電して溺れる危険があります。雷の音が聞こえたら、すぐに海から上がって、陸上の安全な場所に避難して下さい。

⑤山の天気は変わりやすい

［1967年8月1日午後1時40分ごろ、北アルプスの西穂高岳独標付近で、松本深志高校の教諭5人を含む46人が落雷に遭遇。11人が死亡し、13人が重軽傷を負う大惨事となった。天気が急変し、激しい雷雨や「ひょう」が降り出したため、山荘に避難する途中の出来事だった。］

山の天気は変わりやすく、雷に遭遇しても避難する安全な建物は近くにありません。雷注意報が発表されたときや雷の前兆に気づいたときは、途中で引き返すか、登山計画を変更することも必要です。雷の音が聞こえたときや、厚い雲で急に暗くなったときは、山頂や尾根など高い場所からはすぐに離れて、窪地などで低い姿勢をとって下さい。

また、雷鳴が聞こえる範囲はおよそ10㎞ですが、AMラジオはおよそ50㎞離れた雷の雑音が入ります。ラジオの「ガリガリッ」という雑音間隔が短くなったときは、雷が接近している可能性がありますので、早めの避難を心がけて下さい（注：最近のラジオは、雷の雑音が入らないように改良されていて、役に立たないことがあります）。山小屋でも避雷針がない建物は、必ずしも安全ではありません。柱や壁からは離れ、できるだけ低い姿勢を保って雷雲が遠ざかるのを待って下さい。

3 「大気の不安定」を意識する

第2章でも詳述しましたが、気象庁が発表する天気に関する警報には「大雨」や「暴風」など7種類があり、この中に「雷」は入っていません。雷に関してあるのは注意報です。

警報が発表されたときは、テレビの画面の上に字幕が表示されますし、ラジオは中断して必ず放送されることになっていますが、注意報の場合は必ずしも放送があるわけではありません。

天気予報で「大気の状態が不安定」という言葉が使われたときは要注意です。天気が急に変化し、落雷や突風などの激しい現象が起こるおそれがあります。

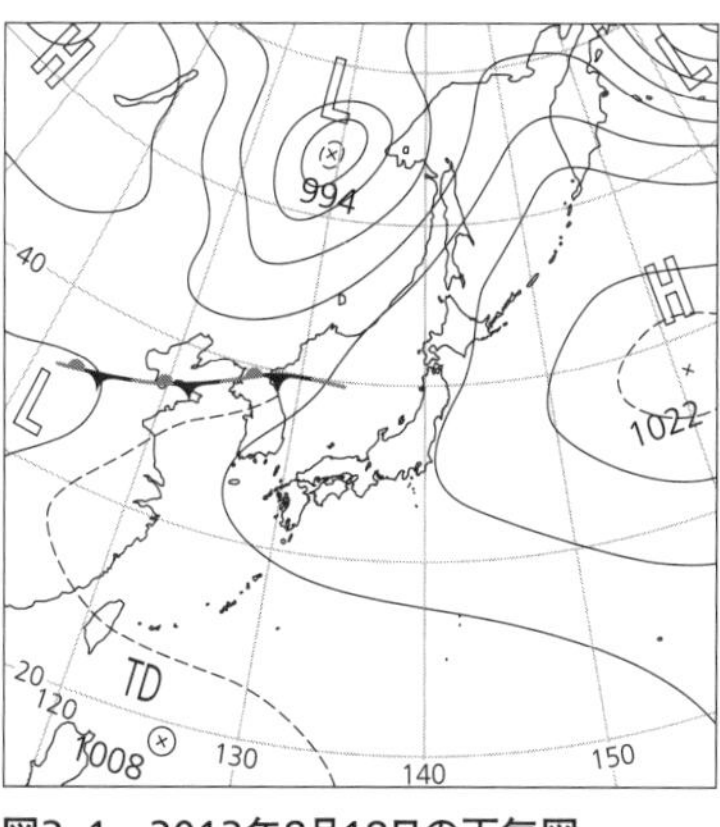

図3–1　2012年8月18日の天気図
H：高気圧　L：低気圧

① 雷はどのようなときに発生する？

２０１２年8月18日、前述の大阪市の公園の事故を含めて、日本各地で落雷の被害がありました。この日の朝の天気図（図３–１）では、前線や熱帯低気圧（ＴＤ：Tropical Depression）は日本から離れたところにあります。上空に強い寒気が流れ込んで、大気の状態が不安定になったため、各地で雷雲が発達しました。

「大気の状態が不安定」とは、上空の気温と

図3–2　積乱雲（雷雲）の発生①

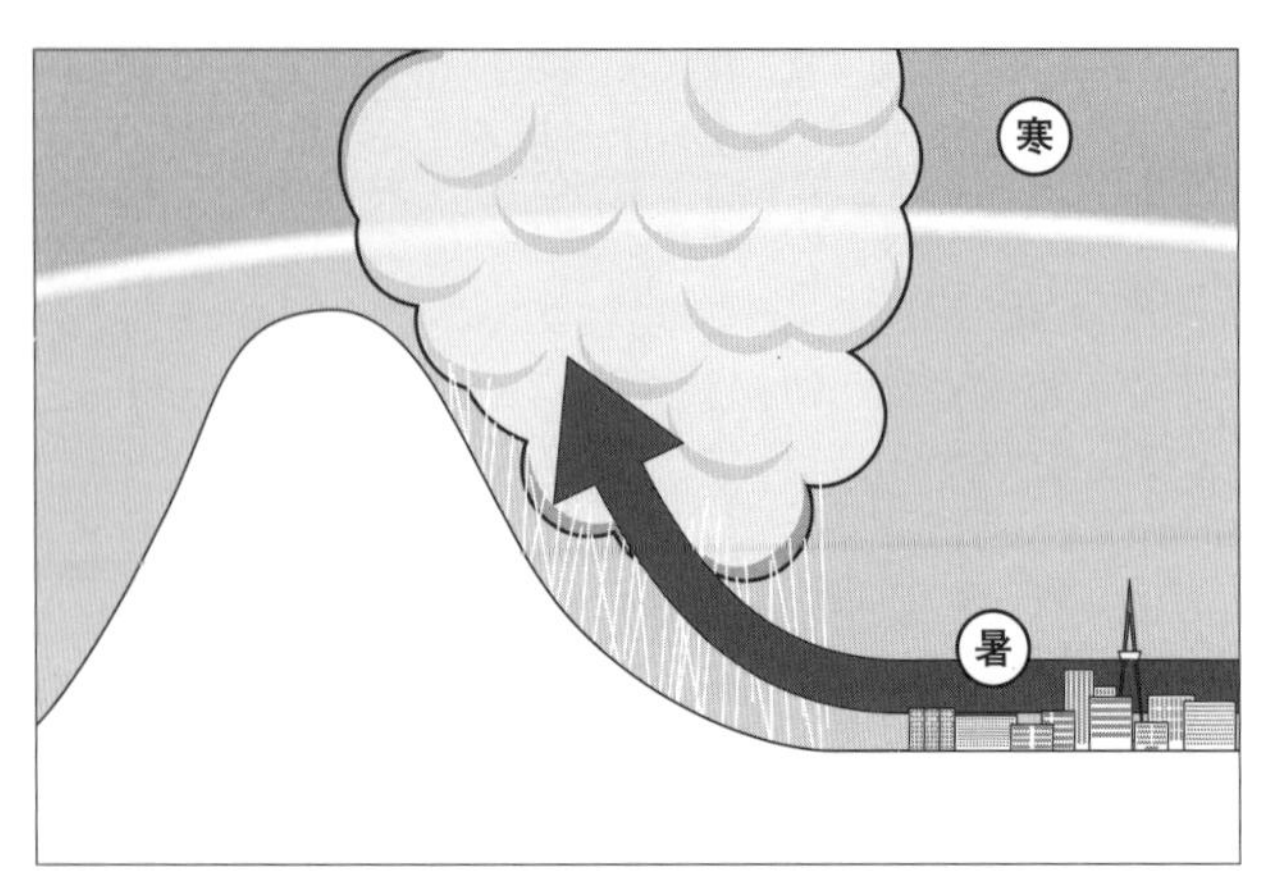

図3–3　積乱雲（雷雲）の発生②

地上付近の気温の差が大きく、地上付近の空気の中に雲のもととなる水蒸気が多く含まれている状態のことです。この状態のときに、何かのきっかけで上昇気流が起きると、暖かい空気はどんどん上昇して背の高い積乱雲（雷雲）を作ります（図3―2）。山沿いで雷雨が多いのは、山に向かって風が吹くだけで空気の上昇につながり、積乱雲が発生しやすいためです（図3―3）。

背の高い積乱雲の中は氷点下となるため、空気に含まれている水蒸気は凍り、細かい氷の粒や霰（あられ）（直径5㎜未満）や雹（ひょう）（直径5㎜以上）ができます。これらが上空でぶつかり合うことによって静電気が発生し、溜まった電気が地上に向かって放たれる現象が落雷です。

昔からのことわざで、雷が同じ地域で3日間ほど連続して発生することを「雷三日（かみなりみっか）」といいます。上空の寒気は3日間ほどかけて通り過ぎるか弱まることが多いため、不安定な状態は比較的長く続きます。

②雷が発生しやすいのは、いつ？　どこ？

「雷都（らいと）」という呼び名を持つ都市があります。栃木県宇都宮（うつのみや）市のことで、気象台が観測した雷の日数「雷日数」は1年間で平均26・5日もあります。夏に集中していて、最も多い

表3–1　雷都・宇都宮と金沢の雷日数の平年値（1991～2020年）

	宇都宮	金沢
年間	26.5	45.1
1月	0.0	7.9
2月	0.1	4.8
3月	0.6	2.6
4月	2.0	2.0
5月	3.5	1.7
6月	3.2	1.8
7月	5.7	2.9
8月	7.1	3.6
9月	2.7	2.0
10月	0.9	2.1
11月	0.3	5.3
12月	0.2	8.4

8月には約4日に1日の割合で雷が発生しています。

しかし、年間の「雷日数」を比べると石川県金沢市のほうが多く、45・1日もあります（表3–1）。東北地方から北陸地方にかけての日本海側は、夏だけでなく、冬も雷が多く発生するためです。

真夏は、日中の強い日差しによって地上付近が暖められることで大気の状態が不安定になるため、気温がピークを迎える昼過ぎから夕方ごろに雷の発生が多くなります。初夏のころは真夏ほど暑くはないので、地上気温の上昇だけでは雷雲が発生しにくく、上空に寒気が流れ込むことが大きな要因となります。一方、冬に日本海側の沿岸で多く発生する雷は、大陸から吹き出してきた冷たい空気と日本海を北上する暖かい対馬海流によるため、昼夜を問わず発生します。

③気象情報の具体的な利用方法

あすの午後、屋外で行動する予定がある場合を例にとって見ていきましょう。天気予報の中に「雷を伴う」や「大気の状態が不安定」といったキーワードが出てきたら、雷が発生しやすい気象状況です。予定の変更も選択肢の一つとして考えて、その後の最新の気象情報をよく確認する必要があります。

雷注意報は、雷が発生する数時間前を目処に発表されます。外出の前には気象庁のホームページなどで雷注意報の有無を確認して下さい。雷注意報が発表されている場合は、山や海などの逃げ場がほとんどない場所へ行くのは控えたほうがいいでしょう。

屋外に出る場合は、空の変化に気を配って下さい。「真っ黒い雲が近づいてきた」「雷の音が聞こえてきた」「急に冷たい風が吹いてきた」この三つは雷雲が近づいているサインです。スマートフォンなどで、気象庁が発表する「雷ナウキャスト」で雷活動度を確認して下さい。

④ 1時間後まで予測する「雷ナウキャスト」

「雷ナウキャスト」（図3－4a、b）で示される雷活動度は、1時間後までの10分ごとの雷の予測を4段階で表したもので、3時間前までの雷の状況も見ることができます。雷には、雲と地上の間で発生する「対地放電（落雷）」と雲の中や雲と雲の間で発生する「雲放電」があります。

活動度2～4が予測された場合は、落雷の危険が高くなっていますので、建物の中など安全な場所にすぐに避難して下さい。特に、活動度2は雷が発生していても活発に感じない状況か、落雷が発生する直前という段階なので、まだ安全だと感じる人がいるかもしれません。しかし、この活動度2の段階で避難行動をとることが、被害を軽減させるためには大切です。また、避難に時間がかかる場合は、活動度1や雷注意報の段階から早めに対応する必要があります。

⑤ 雷に遭遇してしまったら？

落雷から身を守るためには、雷が届かない建物や車の中にいることが最も確実です。電

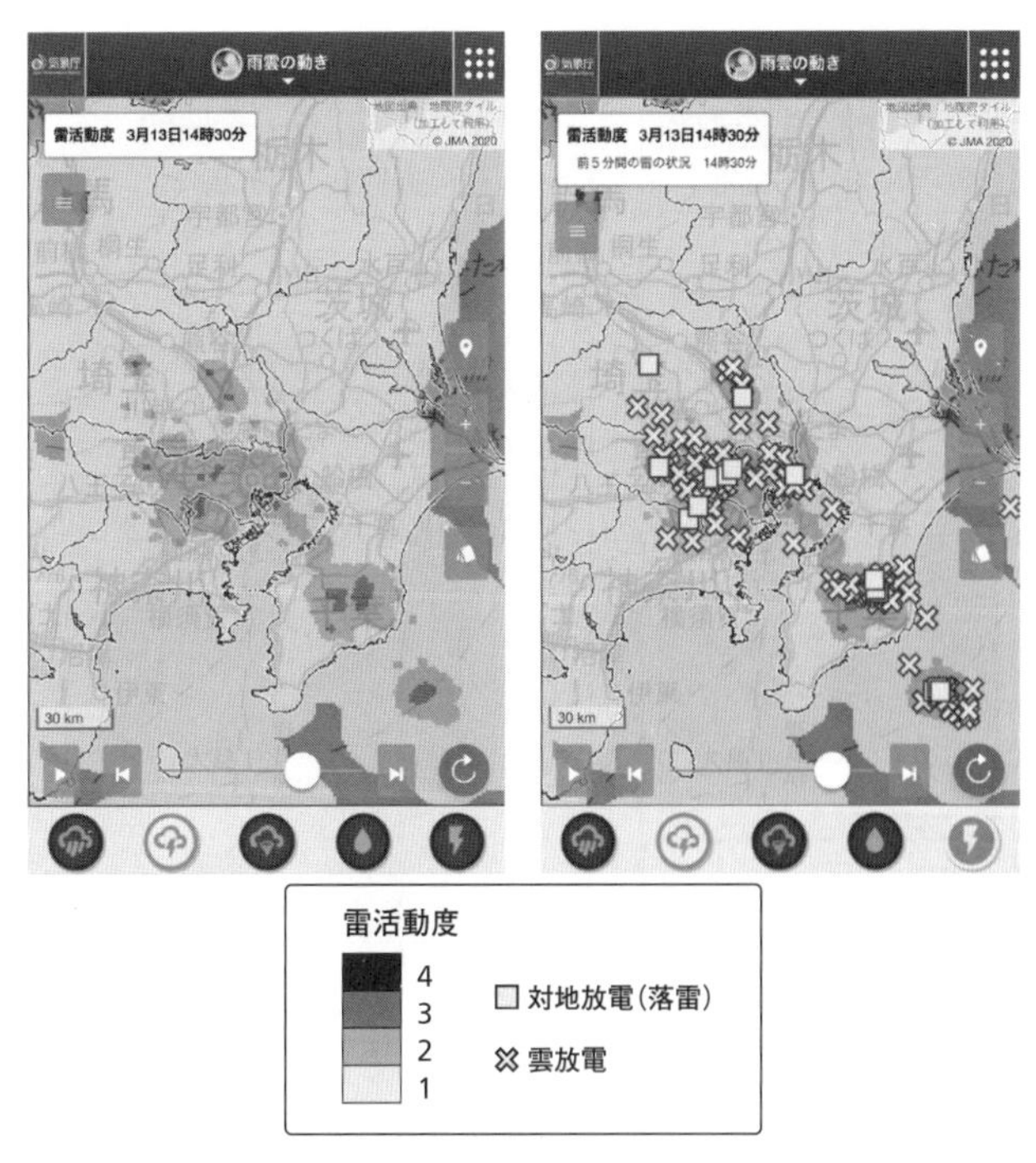

図3–4a　雷ナウキャスト(気象庁HPより)
関東南部の雷ナウキャストの画像。雷の活動がひと目でわかる。

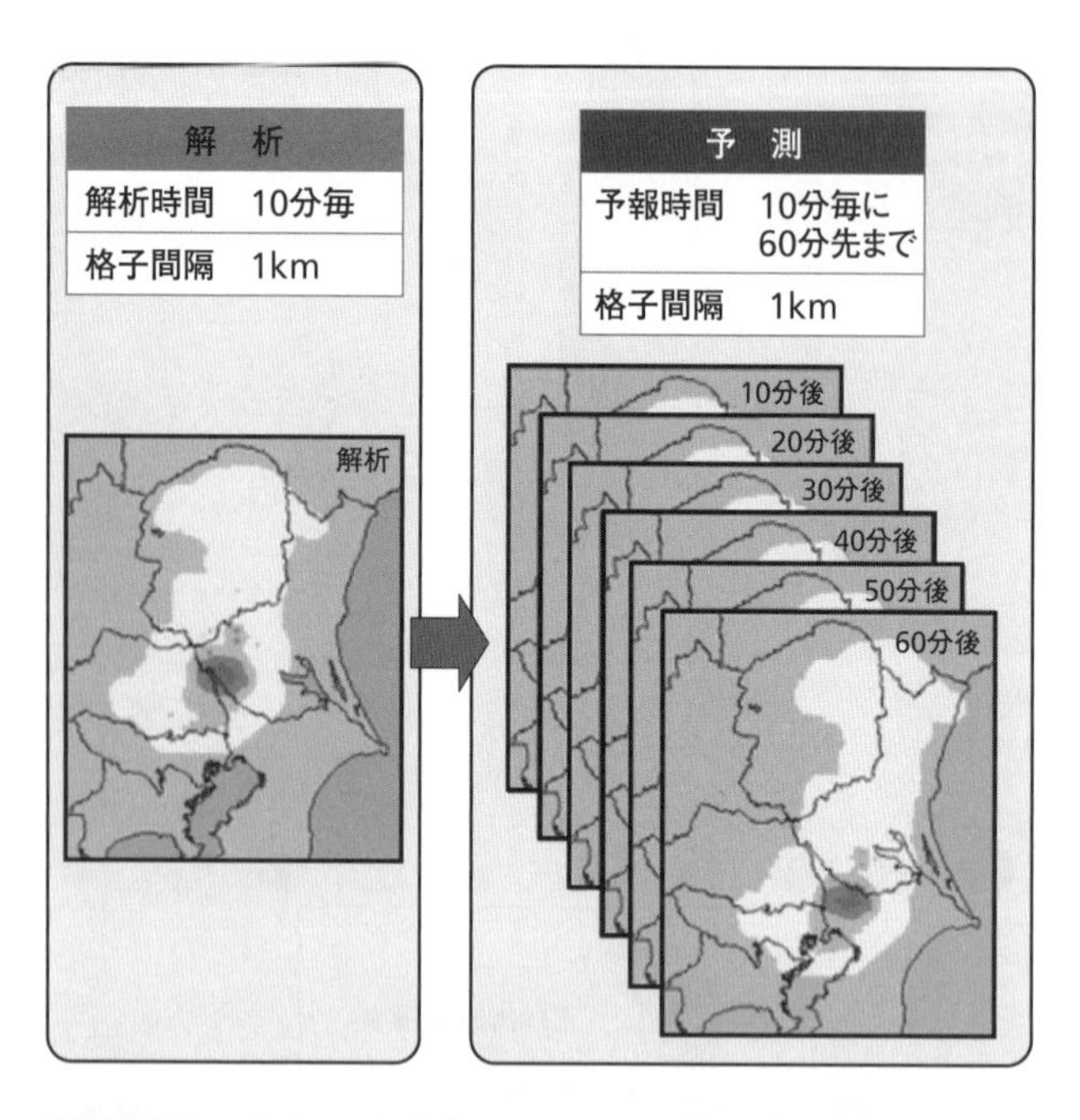

活動度	雷の状況	
4	激しい雷	落雷が多数発生している。
3	やや激しい雷	落雷がある。
2	雷あり	雷光が見えたり雷鳴が聞こえる。落雷の可能性が高くなっている。
1	雷可能性あり	現在、雷は発生していないが、今後落雷の可能性がある。

図3–4b　雷ナウキャスト（気象庁HPより）
雷活動度は1時間後まで10分ごとの雷の予測が4段階で示される。

車内やバス内、航空機内なども同様です。屋根があって全体が覆われていないと効果はありませんので、窓などは閉めましょう。オープンカーはもちろんダメです。

しかし、建物が雷の直撃を受けたときや近くに落雷があったときは、電線や電話線、水道管などを伝わって、建物の中に雷の電気が侵入することがあります。電気器具や壁から1m以上離れて、できるだけ部屋の中央で雷が過ぎるのを待てばより安全です。

木のそばは側撃雷のおそれがあるため危険ですが、煙突や鉄塔などの高い物体には「保護範囲」があります。図3－5のように、てっぺんを地面から45度以上の角度で見上げることができる範囲内は、高い物体が避雷針の役目を果たすため、雷の直撃を受けにくい場所です。ここから側撃雷の可能性がある4mを除いたのが保護範囲で、比較的安全な場所です。物体の高さが30m以上になると、保護範囲は30m以内に限られます（図3－6）。

また、送電線や配電線は避雷針と同じ効果があるため、図3－7のように電線の真下も比較的安全です。とはいっても、これらの保護範囲は100％安全ということではありませんので、できるだけ早く建物や車の中へ避難して下さい。

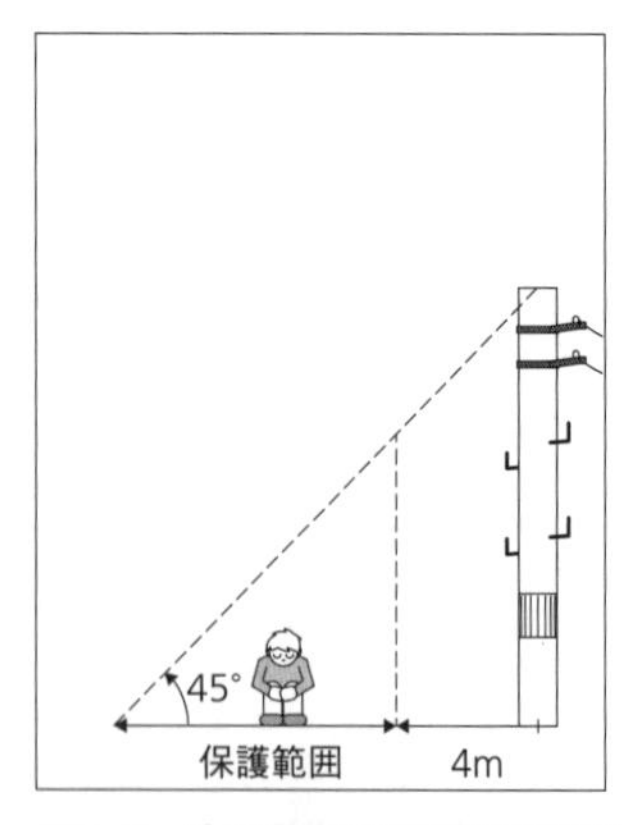

図3–5　高い物体の保護範囲（45度以上の角度で見上げることができる）

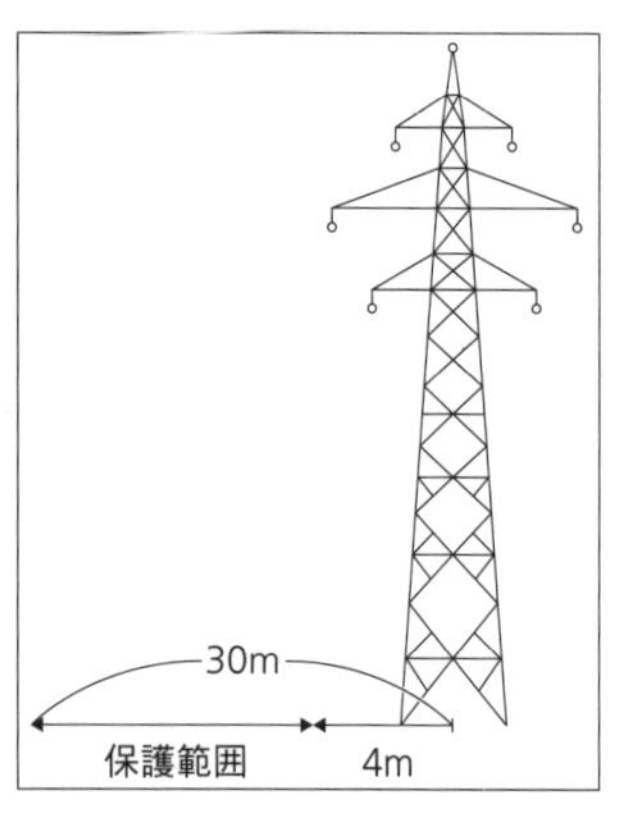

図3–6　高い物体の保護範囲（物体の高さが30m以上）

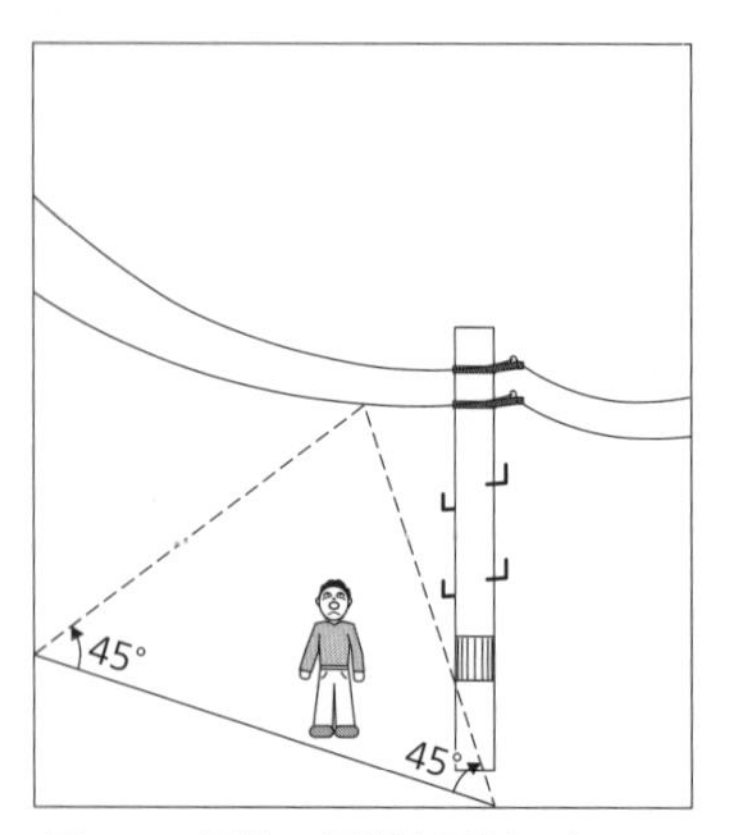

図3–7　電線の保護範囲（真下）

⑥応急手当てで助かるいのちがある

雷の電流が人体を流れると、ショックで意識を失い、呼吸や心臓の鼓動が止まってしまうことがあります。それでも、手当てが早ければ助かる場合があります。落雷の被害者に雷の電気は残りませんので、触れても感電することはありません。すぐに救急車を手配し、雷を受けた人を安全な場所に移して下さい。救急車を待っていると手遅れになることがありますので、必要に応じて人工呼吸や心臓マッサージを行うなど、心肺蘇生法をする必要があります。心肺蘇生法は、自動車運転免許の教習科目にありますし、消防署などで無料の講習を受けることができます。

普段は気に留めていない「避雷針」や「高い建造物」などによって、私たちは知らず知らずのうちに雷から守られています。雷の音や光は怖くてもいのちを落とすことは意識していない人が多いかもしれません。しかし、山や海、グラウンドなどのひらけた場所では、雷の被害を受けるリスクが格段に高くなることを忘れずに行動して下さい。

チェック　落雷のリスクは「科学的」に減らす

	登　山	海水浴	屋外スポーツ	日常生活
事前の注意点	●雷が予報されているときは予定を変更 ●夏の雷雨は午後が多いので、早朝出発&昼すぎには到着	●雷が予報されているときは予定を変更	●避難場所を確認	
発達した積乱雲が近づく兆し（真っ黒い雲、雷の音、急に冷たい風）	●山頂や尾根から離れ、建物の中へ ●建物が遠いときは窪地などで低い姿勢	●海から岸にあがる ●建物や車の中へ	●バットやゴルフクラブなど長い道具は手放す ●建物や車の中へ	●道路や田畑、河原などの平坦地にいるときは、市街地へ近づき建物などの中へ ●電線の下を歩けば比較的安全
激しい雷に遭遇	●窪地などで低い姿勢を維持	●海面上に体や突起物を出さない ●雷鳴の合間に岸へ	●低い姿勢を維持 ●雷鳴の合間に建物や車の中へ	●低い姿勢を維持 ●雷鳴の合間に建物や車の中へ
共通の注意点	●木のそばは危険、雨宿り禁止 ●電柱など高い物体のてっぺんを45度以上の急角度で見上げる範囲内は、比較的安全（4m以上は離れる） ●雷がやんでも20分以上は安全な場所で待機			

第4章 「竜巻」発生の見極め方

1　竜巻の予想は1%しか当たらない?

2012（平成24）年5月6日に茨城県や栃木県で竜巻の被害が多発したあとに「適中率はわずかに1%（平成23年）」という見出しで、新聞各社が竜巻注意情報について報じました。

この数字だけを見ると、竜巻注意情報は全く意味がない、伝えるに値しない情報だと思う方が多いと思います。しかし、竜巻などの激しい突風は発生する回数が少なく、年による変動も大きいため、1年間のデータだけで精度の評価をするのは適切ではありません。

竜巻注意情報の発表が開始された2008年から2018年までの適中率（発表数のうち有効期間内に竜巻などの突風が発生した確率。表4-1）を見ると、2011年は1%ですが、ほかの年は概ね5%程度だったことがわかります。予測精度が向上していないと感じる方がいるかもしれませんが、2016年12月からは、竜巻注意情報の発表区域が、県単位から「〇〇県南部」などの天気予報と同じ区域となり、より範囲を絞った発表に変わっています。

表4-1　2008〜2018年までの竜巻注意情報の適中率

	適中率 ( )は最大瞬間風速20m/sを含めた適中率	捕捉率 ( )はF1以上の捕捉率	発表数	突風回数 ( )はF1以上の回数
2008年(平成20)	9%(22%)	24%(31%)	172	70(13)
2009年(平成21)	5%(30%)	21%(67%)	128	34(6)
2010年(平成22)	5%(26%)	34%(67%)	490	67(6)
2011年(平成23)	1%(18%)	21%(20%)	589	39(5)
2012年(平成24)	3%(25%)	32%(40%)	597	50(10)
2013年(平成25)	4%(24%)	42%(38%)	606	59(21)
2014年(平成26)	2%(22%)	27%(33%)	604	37(6)
2015年(平成27)	4%(24%)	35%(78%)	402	48(9)
2016年(平成28)	4%(25%)	39%(50%)	372	41(14)
2017年(平成29)	2%(18%)	38%(36%)	909	45(11)
2018年(平成30)	3%(25%)	40%(42%)	648	50(12)

※平成30年の竜巻注意情報の精度は速報であり、後日変更の可能性あり

(気象庁HPより)

また、竜巻などの激しい突風の発生には至らなくても、落雷や強風などで被害が出る場合があります。瞬間風速20m/s以上を観測した事例を含めると、適中率は20〜30%程度になります。風速20m/s以上の突風が吹くと、高所での作業は極めて危険で、看板などが落下するおそれがあります(第2章64ページ表2-3参照)。

竜巻などの激しい突風が実際に発生したときに、竜

表4–2a　竜巻の階級と風速の関係（藤田スケール：Fスケール）

階級	風速	主な被害の状況（参考）
F0	17〜32 m/s（約15秒間の平均）	テレビのアンテナなどの弱い構造物が倒れる。小枝が折れ、根の浅い木が傾くことがある。非住家が壊れるかもしれない。
F1	33〜49 m/s（約10秒間の平均）	屋根瓦が飛び、ガラス窓が割れる。ビニールハウスの被害甚大。根の弱い木は倒れ、強い木は幹が折れたりする。走っている自動車が横風を受けると、道から吹き落とされる。
F2	50〜69 m/s（約7秒間の平均）	住家の屋根がはぎとられ、弱い非住家は倒壊する。大木が倒れたり、ねじ切られる。自動車が道から吹き飛ばされ、列車が脱線することがある。
F3	70〜92 m/s（約5秒間の平均）	壁が押し倒され住家が倒壊する。非住家はバラバラになって飛散し、鉄骨づくりでもつぶれる。列車は転覆し、自動車はもち上げられて飛ばされる。森林の大木でも、大半が折れるか倒れるかし、引き抜かれることもある。
F4	93〜116 m/s（約4秒間の平均）	住家がバラバラになって辺りに飛散し、弱い非住家は跡形なく吹き飛ばされてしまう。鉄骨づくりでもペシャンコ。列車が吹き飛ばされ、自動車は何十メートルも空中飛行する。1トン以上ある物体が降ってきて、危険この上もない。
F5	117〜142 m/s（約3秒間の平均）	住家は跡形もなく吹き飛ばされるし、立木の皮がはぎとられてしまったりする。自動車、列車などがもち上げられて飛行し、とんでもないところまで飛ばされる。数トンもある物体がどこからともなく降ってくる。

（気象庁HPより）

巻注意情報が発表されていた確率「捕捉率」（表4－1）は30％程度ですが、被害が大きい「F1」（表4－2a）以上の激しい突風の捕捉率は高く、見逃した事例は比較的少なくなっています。

竜巻注意情報は発表から約1時間が有効期間であり、今まさに竜巻が発生しやすい気象状況になっていることを知らせる情報です。

竜巻は発達した積乱雲（雷雲）に伴って発生します

表4-2b　竜巻の階級と風速の関係(日本版改良藤田スケール：JEFスケール)

階級	風速 (3秒平均)	主な被害の状況 (参考)
JEF0	25〜38m/s	・物置が移動したり、横転する。 ・自動販売機が横転する。 ・樹木の枝が折れる。
JEF1	39〜52m/s	・木造の住宅の屋根ふき材が比較的広い範囲で浮き上がったり剝離したりする。 ・軽自動車や普通自動車が横転する。 ・針葉樹の幹が折損する。
JEF2	53〜66m/s	・木造の住宅の小屋組（屋根の骨組み）が損壊したり飛散する。 ・ワンボックスの普通自動車や大型自動車が横転する。 ・鉄筋コンクリート製の電柱が折損する。 ・墓石が転倒する。 ・広葉樹の幹が折損する。
JEF3	67〜80m/s	・木造の住宅が倒壊する。 ・アスファルトが剝離したり飛散する。
JEF4	81〜94m/s	・工場や倉庫の大規模な庇の屋根ふき材が剝離したり脱落する。
JEF5	95m/s〜	・鉄骨系プレハブ住宅が著しく変形したり倒壊する。

(気象庁HPより)

ので、竜巻注意情報が発表されたときは、まず周囲の空の様子を確認して下さい。第3章でも説明しましたが、「真っ黒い雲が近づいてきた」「雷の音が聞こえてきた」「急に冷たい風が吹いてきた」、この三つは積乱雲が近づいているサインです。

竜巻注意情報が発表されているときは、自分のいる場所は「落雷」に加えて「竜巻」の危険性も高いと判断し、激しい突風にも耐えられる頑丈な建物内に移動するなど、身の安全を確保して下さい。

竜巻などの激しい突風は、台風や低気圧と比べると発生する範囲が極めて狭く、発生している時間も短いために、予測が難しい現象です。現在の技術は、竜巻の発生そのものを予測しているのではなく、竜巻が発生しやすい大気の状態を予測しているにすぎません。ほかの気象情報と比べて「精度が低い」ではなく「可能性が高まっている」ことを知った上で、身を守るための情報を集める「きっかけ」として利用するべきでしょう。

また、竜巻などの激しい突風は、風速計で実際の値を観測するのも困難です。このため、1971年にシカゴ大学の藤田哲也博士により、突風による被害の状況から風速を推定する藤田スケール（Fスケール）が考案されました（表4－2a）。

気象庁では、これを改良した「日本版改良藤田スケール」を作成し、2016年から突風調査に使用しています（表4－2b）。「日本版改良藤田スケール（JEFスケール）」では、被害の指標となる住家や自動車等を種別ごとに細かく分けるとともに、日本でよく見られる自動販売機や墓石等を加えたことで、指標を9種類から30種類に増加させています。

Fスケールも JEFスケールも、被害が大きいほどFの値が大きく、風速が大きかったことを示しています。例えばFスケールでF2とされた現象は、その多くがJEFスケールでもＪＥＦ２となります。ただ、個別の事例では必ずしも一致するとは限らないとされています。

2　竜巻による災害

①台風の接近中に竜巻が発生

［２０１９年10月12日８時８分ごろ、台風19号の接近に伴い千葉県市原市で発生した突風によって、住宅や電柱が多数倒壊、横転した車内にいた男性１人の死亡が確認された。気象庁は翌13日に現地調査を実施し、その強さを「ＪＥＦ２」に該当すると発表した。］

台風に伴う竜巻は一般に、台風の中心から１００㎞～６００㎞離れた進行方向の右前方で発生しやすいと言われています。台風がまだ離れていても、暖かく湿った空気が流れ込んで大気の状態が不安定になり、活発な積乱雲が発生することがありますので注意が必要です。

②プレハブや車の中は安全ではない

［2006年11月7日午後1時20分ごろ、北海道佐呂間町の若佐地区、新佐呂間トンネル工事現場付近で「F3」とされる竜巻が発生した。犠牲になったトンネル工事関係者ら9人のうち8人の遺体は、約60m飛ばされたプレハブの瓦礫の下から発見された。8人は当時、このプレハブ小屋の2階にある事務所で打ち合わせをしており、事務所ごと吹き飛ばされたと見られている。死因はいずれも頭を強打したことによる脳挫傷。現場では、大型トラック1台が横倒しになり、電柱も根元から倒れて吹き飛ばされていた。］

人は屋根の下にいると安心しがちですが、自分がどのような建物の中にいるかを確認する必要があります。プレハブ（仮設建築物）や物置、車庫、車などは飛ばされる可能性があるため、激しい突風に対する避難場所には適していません。また、電柱や太い樹木でも倒れることがありますので、そばにいるのは危険です。

③瓦やトタン板が凶器になる

［1990年2月19日午後3時15分ごろ、鹿児島県枕崎市西鹿篭立神地区で「F2」～「F3」と見られる竜巻が発生した。飛んできた瓦が当たり1人が死亡、小学生など合わせ

て18人が頭や顔を負傷した。窓ガラスが割れたり、瓦が吹き飛んだりした被害が多く、建物損壊は全半壊・一部損壊を含め383棟に達した。車25台が横転した。」

屋根の瓦やトタン板などが巻き上げられている状況の場合は、すぐに鉄筋コンクリート製の頑丈な建物の中に入るか、建物の物陰で身を小さくして下さい。周辺に身を守る建物がない場合には、窪地などに身を伏せて、飛んできたものから身を守り、当たりにくくすることもできますが、低い場所は急に水かさが増すおそれがあります。雨の状況も踏まえて、より安全な場所を判断して下さい。致命傷にならないために、鞄など持っているもので頭や首を守る行動も必要でしょう。

④頑丈な建物の中にいても安全とは限らない

「1990年12月11日午後7時13分ごろ、千葉県茂原(もばら)市で「F3」と見られる竜巻が発生した。病院の窓ガラスが割れるなどして、1人が亡くなった。走行中または駐車していた自動車の1000台以上に飛んできた破片が突き刺さったり、倒れた樹木の下敷きになる被害が出た。竜巻発生5時間前から発生していたスーパーセル（76ページ参照）に伴う竜巻と推定されている。」

車ごと吹き飛ばされることもありますので、竜巻が迫っているときには近くの頑丈な建物へ逃げ込んで下さい。頑丈な建物の中にいても、飛散物で窓ガラスが割れて被害に遭うことがあります。屋内では窓やカーテンを閉めて、窓や壁から離れて下さい。地下に次いで安全なのは1階の窓がない部屋です。竜巻が間近に迫っている場合は、狭くて壁に囲まれているところ、例えばトイレや浴室のバスタブの中などで、身を小さくして頭を守って下さい。

⑤発生する竜巻は一つとは限らない

［1999年9月24日午前11時ごろ、愛知県豊橋市野依町(のよりちょう)付近で最初の竜巻が発生、その後、午後1時ごろまでの間に、近隣地域で合計4個の竜巻が発生した。最大の竜巻の移動距離は18km、移動速度は45km／時に達し、市街地を縦断する進路をとったため、東三河地方各地は甚大な被害を受けた。建物損壊は全半壊・一部損壊を含め3000棟に達し、重軽傷者は415人だった。四つの竜巻のうちの一つは「F3」に相当したが、奇跡的に死者は出なかった。］

複数の渦がまとまって活動する竜巻のことを「多重渦竜巻(たじゅううずたつまき)」といいます。やや大きな竜巻（親渦）の周囲を小さな竜巻が回転することがありますが、渦の回転が重なって風速が強まり、局地的に甚大な被害を及ぼすおそれがあります。

⑥特急列車が脱線

「２００５年12月25日19時10分ごろ、山形県酒田市周辺で突風による被害が多数発生した。ＪＲ羽越本線の特急列車が脱線し、先頭車両に乗っていた5人が死亡、33人が重軽傷を負った。橋梁通過直後に2両目から脱線を始めて最終的に全6車両が脱線、うち3両が転覆し、先頭車両が線路脇にあった養豚場の堆肥舎に激突して大破した。脱線時の運転速度は、運転士の証言等から約１００km／時と見られている。突風の種類は特定されていないが、「Ｆ１」と推定されている。」

翌２００６年の9月17日には、宮崎県のＪＲ日豊本線で竜巻による列車脱線・転覆事故が発生しています。このときは列車が停止状態、もしくは極めて低速まで減速していたこともあり、負傷した乗客と運転士合わせて6人はいずれも軽傷でした。

山形県の脱線事故のように、日本でも比較的発生数が多い「Ｆ１」クラスの突風で大きな災害につながった例もあり、突風予測の精度向上と情報をもとにした列車の運行規制などが求められます。

3　竜巻は解明されつつある現象

「竜巻などの激しい突風が増えている」、最近そう感じている方が多いと思いますが、実際のところはよくわかりません。

日本で確認された竜巻の発生数（海上竜巻を除く）は、２０１７年までの11年間の年間平均は23件ですが、気象庁は２００７年度から竜巻など突風の調査を強化しています。詳細な現地調査とそれに基づく分析を行うことで、より多くの事例で現象を竜巻などと判定できるようになりました。このため２００６年度以前と２００７年度以降に発生が確認された数は、単純に比べることができません。竜巻などの激しい突風は、観測技術が向上した最近になって、ようやく解明されつつある現象なのです。

また、日本人の多くがスマートフォンなどでつねに映像を撮ることができる状況になったことで、竜巻の映像を見る機会は格段に増えています。テレビで見る竜巻の映像のほとんどは、視聴者の方から提供されたものです。

①「竜巻などの激しい突風」の「など」って何？

気象情報では、イメージしやすい言葉として「竜巻」を使うことが多いのですが、激しい突風には竜巻のほかに「ダウンバースト」や「ガストフロント」も含まれています。

「竜巻」（図4―1）は、積乱雲の強い上昇気流により発生する激しい渦巻きで、多くの場合は、ろうと状または柱状の雲（ろうと雲）を伴います。直径は数十〜数百ｍで、数㎞にわたって移動し、被害地域は帯状になる特徴があります。

「ダウンバースト」（図4―2）は、積乱雲から吹き降ろす下降気流が地面にぶつかり、水平に向きを変えて吹き出す激しい空気の流れです。吹き出しの広がりは数百ｍから10㎞くらいで、被害地域は円形あるいは楕円形など面的に広がる特徴があります。

「ガストフロント」（図4―3）は、積乱雲の下に溜まった冷たい空気が流れ出し、周囲の空気との間に作る境界のことで、「突風前線」とも呼ばれます。水平の広がりは竜巻やダウンバーストより大きく、数十㎞以上に達することもあります。

２００８年7月27日、福井県敦賀(つるが)市でイベント用大型テントが突風により飛ばされ１人

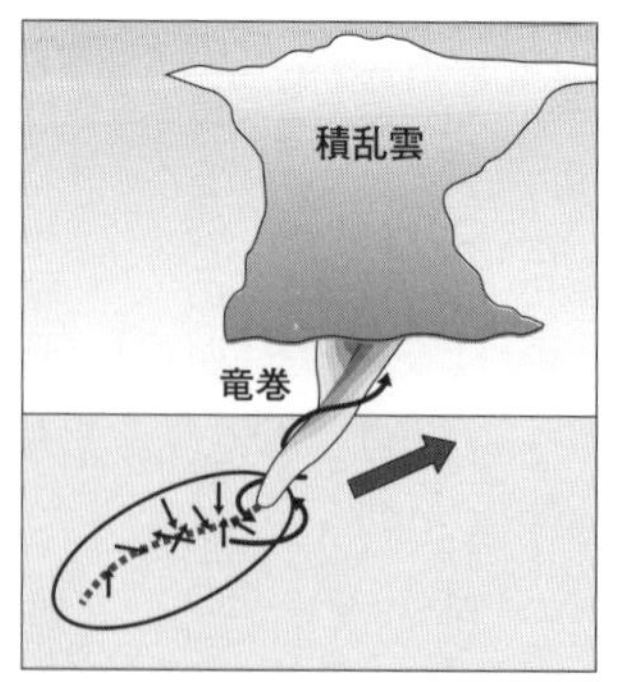

図4−1　竜巻

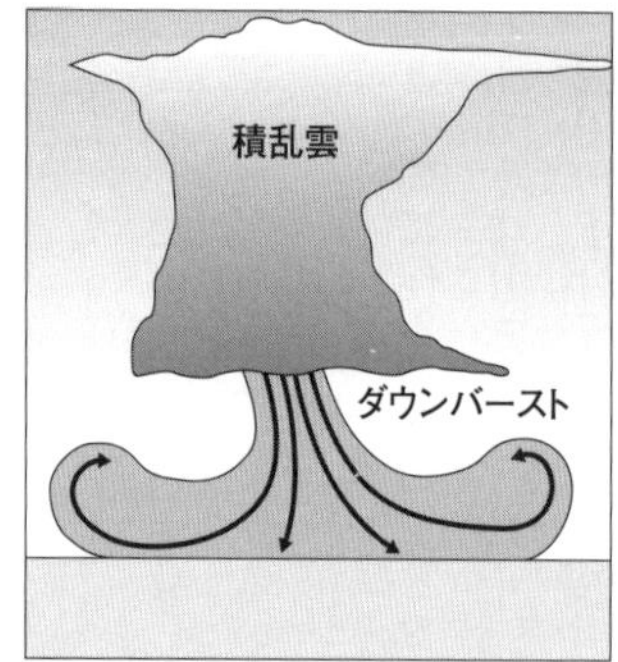

図4−2　ダウンバースト

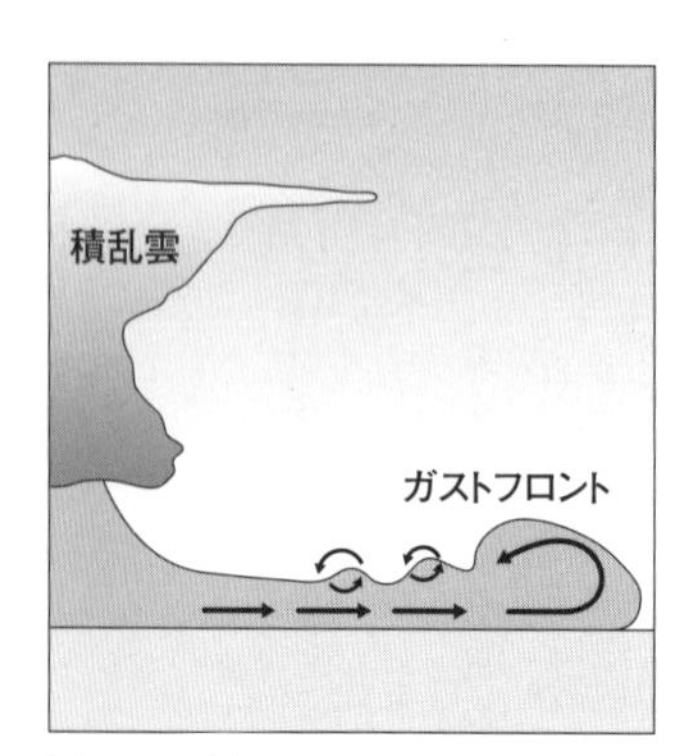

図4−3　ガストフロント

が亡くなっていますが、これはガストフロントによるものと見られています。

②竜巻が発生するのは、いつ？ どこで？

竜巻とは、積乱雲に伴って発生する強い空気の渦巻きのことです。積乱雲の中には強い上昇気流がありますが、この上昇気流に何らかの原因によって回転（渦）が結びつくことで竜巻は発生すると考えられています。

日本全国で、竜巻が発生したことがない都道府県はありません（図4－4）。1年を通して沿岸部で多いのですが、夏は内陸部でも発生しています。中でも関東平野は発生数が多く、広い範囲に分布しています。日本海側は冬に多く、西日本の太平洋側は秋に多い傾向がありますが、これは竜巻が発生するときの気象条件と関係していると思われます。

竜巻の月別の発生数（図4－5）を見ると、台風シーズンの9月から10月が多くなっています。低気圧や前線、寒気が流れ込むときなど、さまざまな気象条件のもとで竜巻は発生しています。

図4–4　竜巻の全国分布図 1961〜2015年（気象庁HPより）

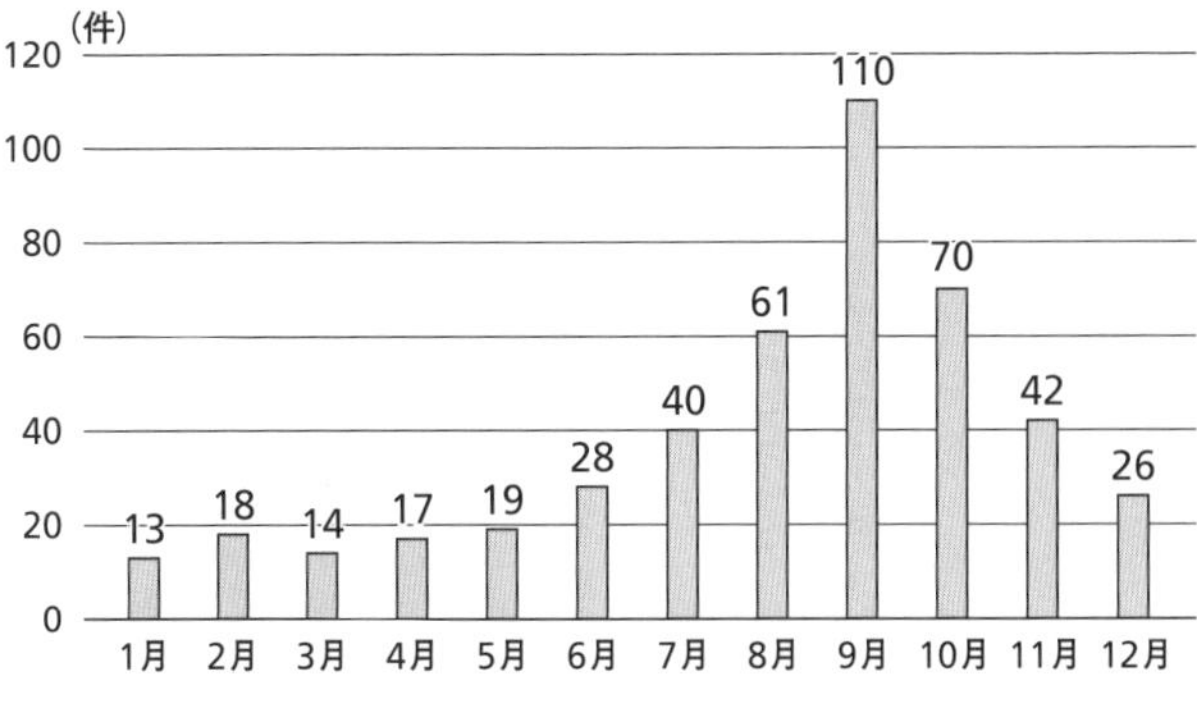

図4–5　1991〜2017年の竜巻の月別発生数（気象庁HPより）

③竜巻の可能性を「段階的に」発表

低気圧や前線などによって土砂災害や川の氾濫などの災害が発生するおそれがある場合は、通常半日〜1日程度前に、気象庁から予告的な「気象情報」が発表されます。このときに、竜巻などの激しい突風が予想される場合は、「竜巻など激しい突風のおそれ」と明記された情報が発表されて、天気予報でも伝えられることになります。

また、「雷注意報」は、積乱雲に伴う現象（急な強い雨、落雷、突風、雹）に対して注意を呼びかけるものですが、竜巻などの激しい突風が予想される場合には、数時間前に「竜巻」も明記された雷注意報が発表されます。

そして、今まさに竜巻の発生しやすい気象状況になっているときに発表されるのが「竜巻注意情報」

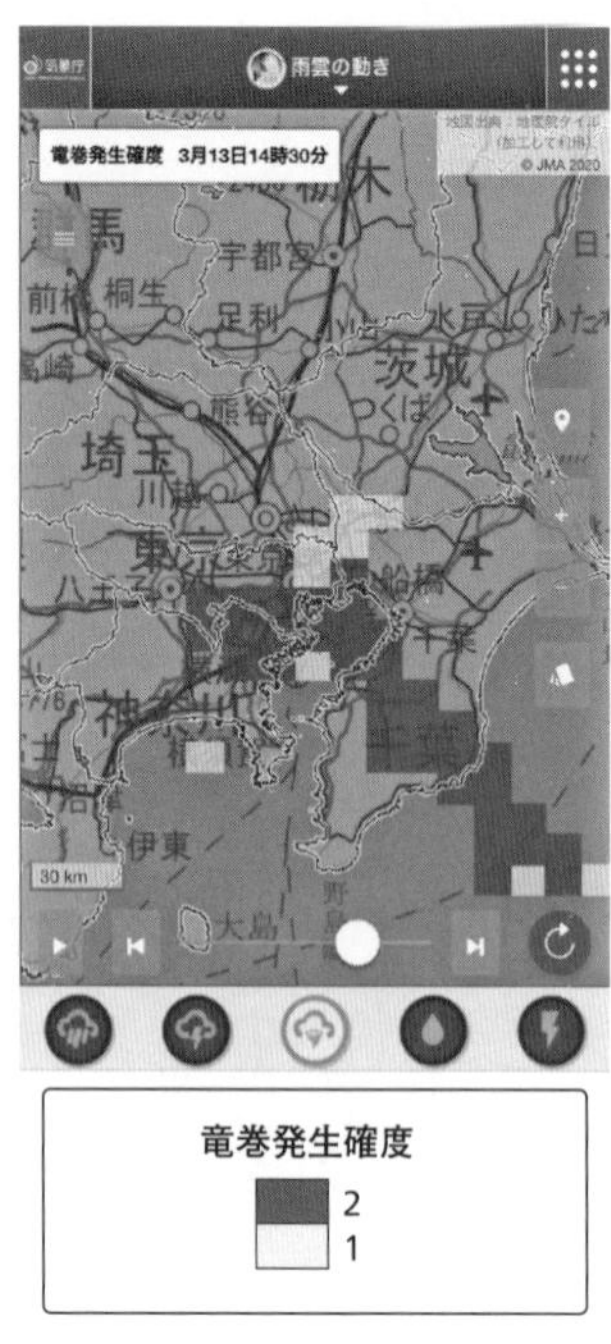

図4–6a 「竜巻発生確度ナウキャスト」（気象庁HPより）

です。竜巻注意情報は、「竜巻発生確度ナウキャスト（図4−6a、b）」で発生確度2となった地域に発表されるほか、目撃情報によって竜巻等が発生するおそれが高まったと判断された場合にも発表されます。いつまで注意が必要なのかが、約1時間の期限を区切って発表され、状況によっては更新されます。

④「竜巻発生確度ナウキャスト」は2段階の発生確度を示す

竜巻発生確度ナウキャスト（図4−6a）は、1時間後までの10分ごとの分布を予測したも

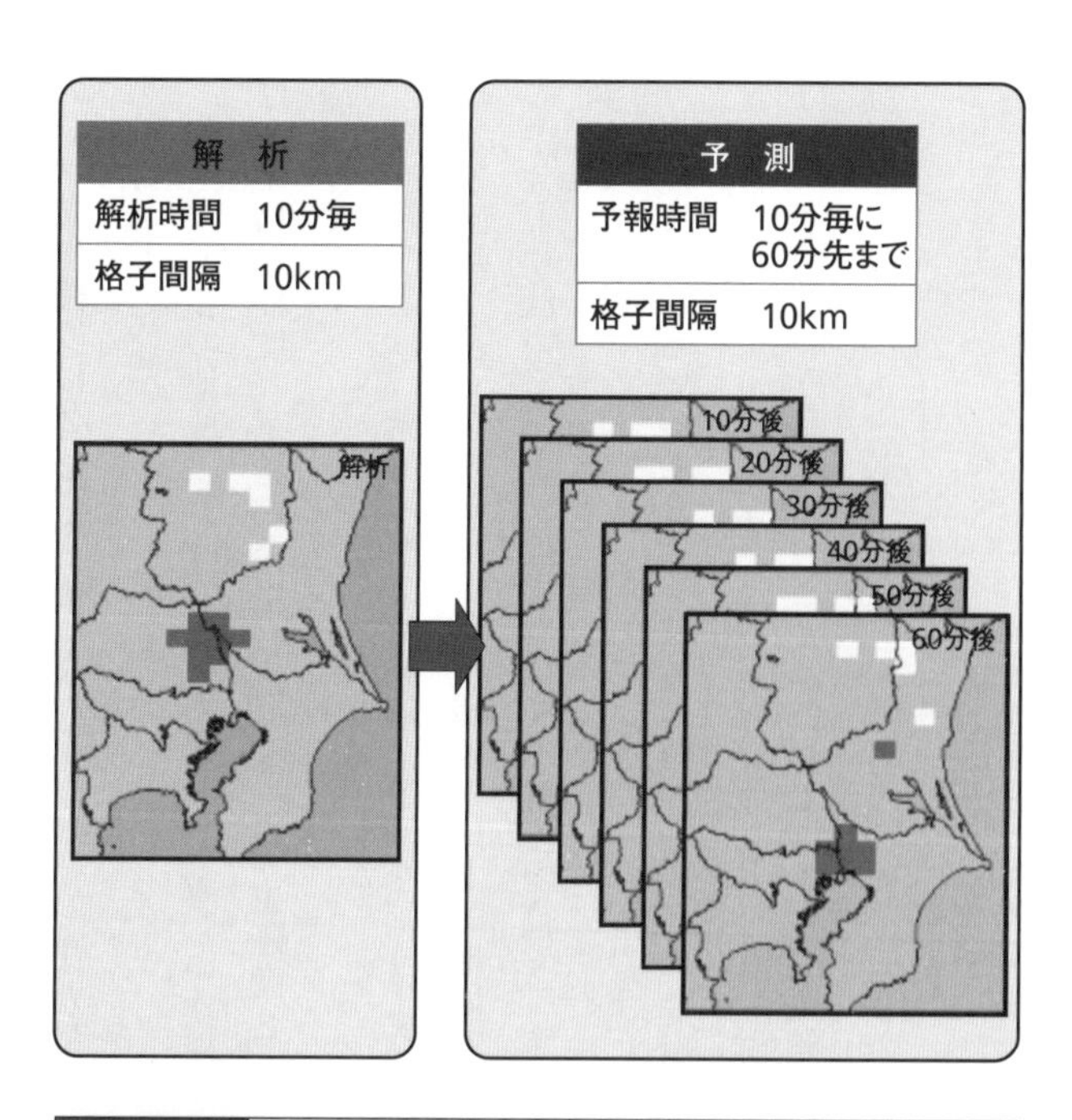

発生確度2	竜巻などの激しい突風が発生する可能性があり注意が必要である。 予測の適中率※は7〜14%程度、捕捉率は50〜70%程度である。 発生確度2となっている地域に竜巻注意情報が発表される。
発生確度1	竜巻などの激しい突風が発生する可能性がある。 発生確度1以上の地域では、予測の適中率※※は1〜7%程度であり発生確度2と比べて低くなるが、捕捉率は80%であり見逃しが少ない。

※ 発生確度2の予測の適中率　　発生確度2となった場合を「竜巻あり」の予測としたとき、予測回数に対して実際に竜巻が発生する割合

※※ 発生確度1以上の予測の適中率　　発生確度1以上となった場合を「竜巻あり」の予測としたとき、予測回数に対して実際に竜巻が発生する割合

図4–6b　「竜巻発生確度ナウキャスト」（気象庁HPより）

ので、発生確度は2（図中の濃くなっている箇所）または1（図中の薄くなっている箇所）で表されます（図4―6b）。

発生確度2の地域における、竜巻などの激しい突風が発生する可能性「予報の適中率」は7～14％程度、竜巻が発生したときに発生確度2が表れている確率「捕捉率」は50～70％程度です。

発生確度1は、発生確度2で見逃す事例を補うように設定されているため、広がりや出現する回数が多くなります。発生確度1以上の地域では、適中率は1～7％と発生確度2の場合より低いですが、捕捉率は80％程度と高く、竜巻などの激しい突風を見逃すことは少なくなります。

自然災害からいのちを守るためには、「まさか、自分に起こるとは思わなかった」ではなく、「いつかは、自分に起こるかもしれない」という心構えが必要です。竜巻に遭遇した人は「ゴー」という音を聞いたと証言しています。竜巻の発生が懸念されるときは五感を総動員して、いつもと違う状況にいち早く気づき、身を守るための行動をとって下さい。

チェック 「五感」を総動員して、竜巻の接近を察知する

発達した積乱雲が近づく兆し

・真っ黒い雲
・雷の音
・急に冷たい風

➡建物や車の中へ（雷対策）

竜巻注意情報＋発達した積乱雲

➡鉄筋コンクリート製の頑丈な建物の中へ（突風対策）

竜巻が間近に迫ったら

・雲の底から地上にのびる、ろうと状または柱状の雲（ろうと雲）
・黒い渦のようなもの
・トタン板や瓦が飛ぶ
・「ゴー」というジェット機のような轟音
・耳に異状を感じる（気圧の急激な変化）など、いつもと違う状況

➡すぐに身を守るための行動を

身を守るための行動	
屋外	屋内
・頑丈な建物の中や物陰に入る ・適当な建物がないときは、窪地などに身を伏せる ・鞄などで飛来物から頭や首を守る	・窓やカーテンを閉めて、窓や壁から離れる ・机の下などで、身を小さくして頭を守る ・地下に次いで安全なのは、家の1階の窓のない空間（トイレ、バスタブなど）
【危険】 車庫、物置、プレハブ、電柱、樹木	【危険】 窓ガラス

第5章 「猛暑」に負けない「熱中症」対策

1　まさかの熱中症体験

前著でもお話ししましたが、私は熱中症になった唯一の気象キャスターかもしれません。「熱中症に注意して下さい」と天気予報で連呼している立場上、ひた隠しにしている同業者はいるかもしれませんが、私は改めて詳細に記すことにしました。熱中症は誰でもなる可能性があることをみなさんに知ってもらうには、これ以上ない教材だと思います。

2012年8月2日（木）夜、私は熱中症と見られる症状で39・4℃の高熱になりました。夏休みに小田急線ロマンスカーの展望席を予約して、朝早くから家族4人で箱根彫刻の森美術館に行った日の出来事です。

この日の東京の最高気温は34・7℃、もちろん箱根でも暑くなることはわかっていたので、水筒にお茶を入れて持参していました。しかし、当時2歳の長男に飲ませることに気をとられていて、私はカフェで休憩するまでの5時間余りの間、ほとんど水分を摂っていませんでした。しかも、そこで致命的な過ちを犯します。

こともあろうに、ビールを飲んだのです。

アルコールは尿の排泄を促進するため、水分の補給には不適切です。そのことを重々承知していながら、小さいほうの350㎖缶を選ぶことで罪悪感を減らしたことを覚えています。

途中、園内で眠りに落ちた長男を抱えての帰り道、箱根の駅前で遅めの昼食をとった蕎麦屋さんで水をコップ2杯、蕎麦湯も飲み干しましたが、立ち上がろうとしたときに「めまい」を感じました。それでも当時12kgの長男を抱えて帰宅するしかありません。妻は生後4か月の次男を抱っこ紐で抱え続けていました。

家に着くと倒れ込むようにして横になりましたが、座る間もなく夕食の準備に取り掛かっていた妻から「ごはんを準備する間、子どもたちをお風呂に入れてね」と言われ、無理をして起き上がりました。

午後7時ごろ、長男と風呂からあがると「頭がガンガン」してきたため、体温を計ると39℃を超えていました。ここでようやく自分が熱中症だと確信します。妻に伝えると「なぜ早く言わないの?」と驚いた様子でした。体調の悪さの度合いは、自分から説明しないと伝わりません。周りが気づいてくれると思うのは甘えだと悟りました。

熱中症の応急処置方法は知識としてありましたが、実践するのは初めてのことです。とりあえず冷たい水を500㎖ほどガブ飲みして、水分を補給して体の中から体温を下げる作戦に出ました。つねに冷たい水を飲むことができるウォーターサーバーが心強く感じられました。続いて冷凍庫を開けると、ケーキなどを購入したときについてくる保冷剤があったので、「首」「脇の下」「足の付け根」にタオルで巻きつけました。皮膚の近くに太い血管が流れているところを冷やすのが効果的なのです。

ほかに使えそうなものはないかと探していると、どこかでもらった経口補水液を見つけました。美味しいものではありませんでしたが、自分の症状からすると熱中症の重症度はⅡ（138ページ表5−2参照）まで進行していて、塩分の補給も急ぐ必要がありました。空いていた2ℓのペットボトル2本分の経口補水液を作成し、枕元に置いて眠りました。

大量に水分を摂っているため、トイレが近くて何度も目が覚めました。どんどん飲んで、どんどん出す。これを何度繰り返したかはわかりません。少しずつ下がっていく体温計の目盛りを見ながら、ゲームをしているような感覚に陥っていました。

翌朝7時、36・5℃が表示された体温計を見て、思わずガッツポーズが出ましたが、次した。

の瞬間には「気象予報士が熱中症になるなんて恥ずかしい……」と反省することしきりで

私はいくつかの要因が重なって熱中症になりました。水分補給が足りない、アルコールを飲む、無理を続ける、体調の変化を伝えないなどで、自分の体力を過信しなければ避けられたものがほとんどです。天気予報で「熱中症に気をつけて下さい」という言葉を聞いても「またか」と思わずに、頭の片隅に置いて行動して下さい。

「水分補給」と「暑さを避けること」。

熱中症予防の基本はこの二つだけですが、実践するためには行動の基準を知る必要があります。この章で熱中症の予防法や対処法を知ることで、自分のことはもちろん、周りの大切な人のいのちを守って下さい。

2 日常生活の中で「熱中症」が急増

熱中症による死亡者数が初めて1000人を超えた年は、2010年でした。1731人の方が亡くなり、現在でも最も多い人数です。近年でも2018年に1581人、2019年も1224人の方が亡くなっています（図5－1）。

熱中症での最多死亡者数をだしてしまった2010年の夏（6月～9月）、消防庁が当初発表した死亡者数は171人でした。しかしこれは救急搬送されてすぐに死亡が確認された人の数です。その後の死亡者数を含めると約10倍に膨れ上がっていることからもわかるように、熱中症は重症化してしまうと、治療を受けても手後れの場合が多くあります。ゆで卵が二度と生卵に戻ることがないのと同じように、人の体も高熱が続くと回復が難しくなります。

また、熱中症はスポーツ活動中や建築現場などでの労働中に発生すると思われていましたが、2010年以降、日常生活の中での発生が増えています。2010年の死亡者数のうち、家（庭）で亡くなった方が45・6％と、ほぼ半数を占めています（図5－2）。気象条件

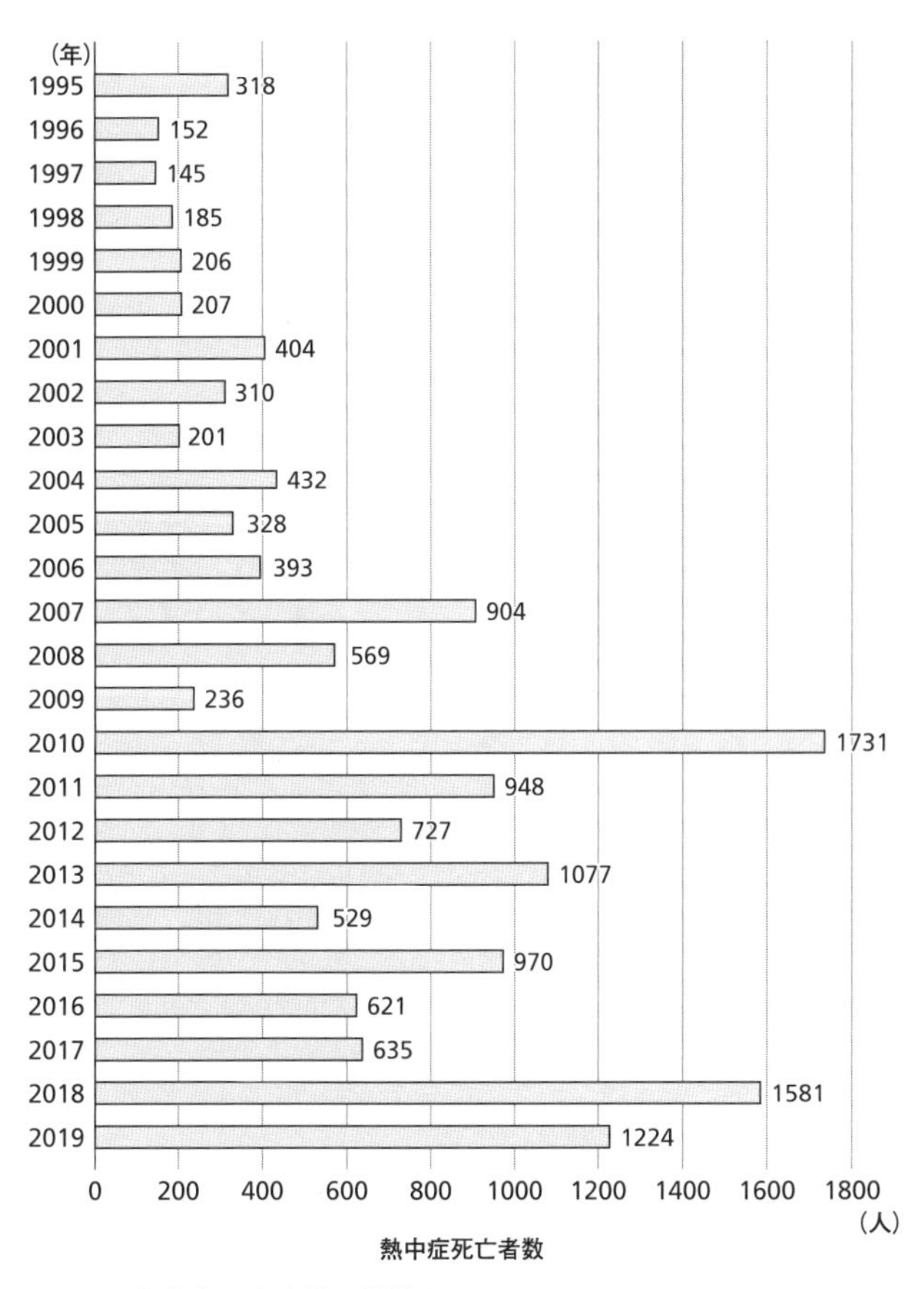

図5–1　熱中症死亡者数の推移(厚生労働省HPより)

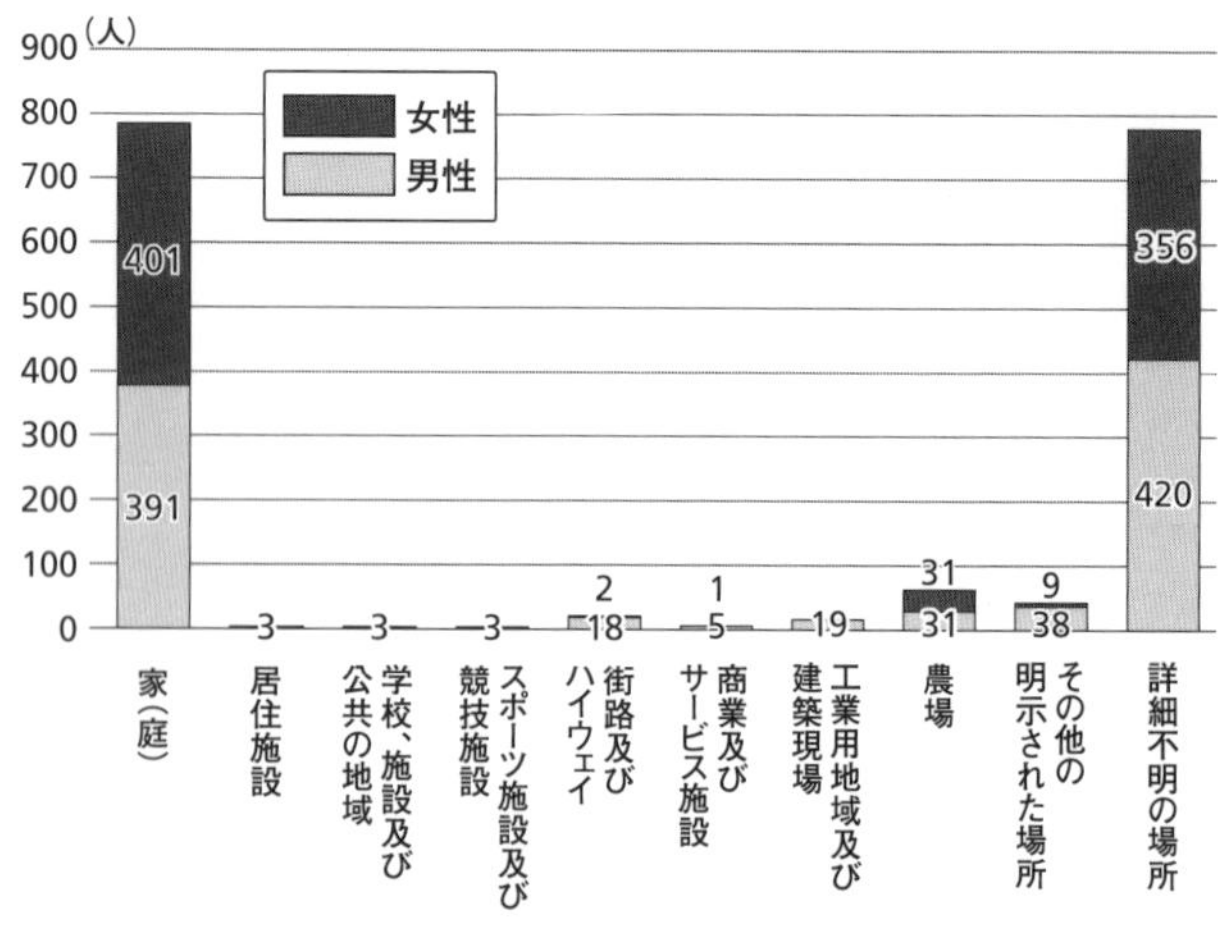

図5–2　2010年の熱中症による死亡者数(発生場所別)(厚生労働省HPより)

によっては、場所や昼夜を問わず熱中症になる危険性があるのです。

また、夏の気温や湿度が高いときにマスクを着用すると、熱中症のリスクが高くなるおそれがあります。屋外で人と十分な距離(少なくとも2m以上)が確保できる場合には、熱中症のリスクを考慮し、マスクをはずすようにしましょう。

夏に何度も耳にする「猛暑日」(最高気温が35℃以上)という言葉は、気象庁が2007年4月1日に予報用語の改正を行うことで新たに生まれました。気温が35℃以上になる日が増加し、以前から使われていた「真夏日」(最高気温が30℃以上)とは区別して暑さの危険性を表現する必要性が出てきたためです。同年8月16日には岐阜県多治見(たじみ)市と埼玉県熊谷市で40・9℃を観測し、1933年に山形県山形市で記録した国内最高気温40・8℃を74年ぶりに更新しました。その後も記録の更新が相次ぎ、現在は埼玉県熊谷市（2018年7月23日）と静岡県浜松市（2020年8月17日）の41・1℃が最も高い気温です。

「地球温暖化」や都市化などによる「ヒートアイランド現象」によって、熱中症を発症するリスクが高まっていることに疑いの余地はなく、熱中症は新たな気象災害として認識する必要があるでしょう。毎年必ず数百人がいのちを落とす災害はほかにありません。

3　熱中症による死亡災害

①路上で起きた事故

［2019年5月26日午後2時10分ごろ、宮城県登米(とめ)市の県道上で、市内の男性（65）が倒れているのを通りかかった男性が見つけ、119番通報した。登米署などによると、男

性は心肺停止状態で、搬送先の病院で死亡が確認された。熱中症の可能性が高いという。仙台管区気象台によると、同市はこの日午後1時ごろ、5月の観測史上最も高い、最高気温32・9度を記録した。」

1日の中で最も気温が高いのは午後1時から3時の間のことが多いです。高温が予想されているときの外出は、暑い時間帯を避けるよう心がけて下さい。日差しを避けることも効果があります。日傘は、日陰を作りながら歩くことができるのでとても便利です。帽子とは違って髪型が崩れることもないので、男性にもお勧めです。また、服装は通気性がよく、汗を吸収しやすい素材(木綿、麻など)を選び、襟元を開けることで、熱がこもらないようにしましょう。

②スポーツ中に起きた事故

「2012年7月28日午前、山形市の高校2年生の男子生徒(16)がラグビーの練習中に熱中症と見られる症状で倒れ、30日朝に死亡した。また、同月29日朝、新潟市の公園で、高校1年生の野球部員(16)が遺体で見つかった。司法解剖の結果、前日28日のランニング中に熱中症で死亡した可能性が高いとされている。」

事故が起きた28日は各地で厳しい暑さとなり、最高気温は山形市で35・1℃、新潟市でも33・6℃まで上がっていました。

スポーツなどで一度に大量の汗をかいたときは、水分に加えて塩分を補給することも必要になります。また、暑さ指数（WBGT）（133ページ、表5−1参照）によっては、運動は中止すべきです。

③夜間に家の中で起きた事故

［2012年7月26日午後0時すぎ、静岡県御殿場市の住宅で、男性（43）が熱中症の疑いで死亡しているのが見つかった。男性が2階の寝室から昼になっても起きてこなかったため、一緒に住んでいた母親が見に行ったところ、布団の上でうつぶせに倒れているのを発見、脱水の症状があった。男性は両親と3人で暮らしていて、前日の夕食のときは、普段と変わった様子はなかった。］

夜間に熱中症を発症し、翌朝に死亡した状態で見つかる事故が増えています。室温は28℃を超えないように、扇風機やエアコンなどを利用して下さい。暑さを我慢してはいけません。夜間は屋内に熱がこもり、屋外の温度よりも高くなりやすいため、予想最低気温などをそのまま判断の基準にしてはいけません。普段過ごす部屋には温度計を置いて、自分の目で温度を確認することが大切です。寝る前に水分を補給し、枕元にも水を入れたコップなどを置くことで、水分補給を習慣化することができます。

④車に放置されて起きた事故

［2005年8月16日午後2時ごろ、岩手県一関(いちのせき)市のパチスロ店の駐車場に停めておいた車の中で、生後6か月の女の子がぐったりしているのを、車に戻った母親が見つけた。母親は病院へ運んだが、熱中症で間もなく死亡した。車を停めていた時間は、午前11時半ごろから2時間半ほど。車の窓の計3か所を、それぞれ3㎝ほど開けていたが、車内温度は50℃近くまで上がったと見られる。16日午後2時の一関市の気温は、30・7℃だった。］

車を運転する人であれば、ハンドルが熱くなっていて、握ることができなかった経験があると思います。直射日光を受け続けると、温度は上がり続けて、車外の気温を大きく上回ります。たとえ窓を開けていたとしても、車内の空気が入れ換わらなければ、車内の温度は上がり続けます。気象庁が発表する気温は、直射日光を避けて金属製の筒の中で観測されたもので、筒にはファンによってつねに新鮮な外の空気が取り入れられています。

テレビのリポートで「手元の温度計はなんと36℃を超えています！」といった表現を耳にしますが、直射日光を受ける時間の長さで温度計の値は変わってしまいます。

4　熱中症は防ぐことができる

①熱中症とは何か？

私たち人間の体温は、通常36～37℃の範囲にあります。体内には生命を維持するためにさまざまな機能がありますが、この機能が働くために最適な温度に保たれています。

体から熱を逃がす働きは、おもに皮膚で行われています。皮膚の近くで冷やされた血液が、体内に流れることで体温は下がります。早く体温を下げるために、皮膚の近くの血管が広がり、血液の流れる量が増えることで体は赤くなります。また、汗が蒸発するときに皮膚の熱が奪われるため、汗をたくさんかくことで体温は下がります。

体内の血液の流れが変化し、汗によって体から水分や塩分（ナトリウムなど）が失われるなどして、体が適切に機能しなくなった状態が「熱中症」です。具体的な症状は、体温の

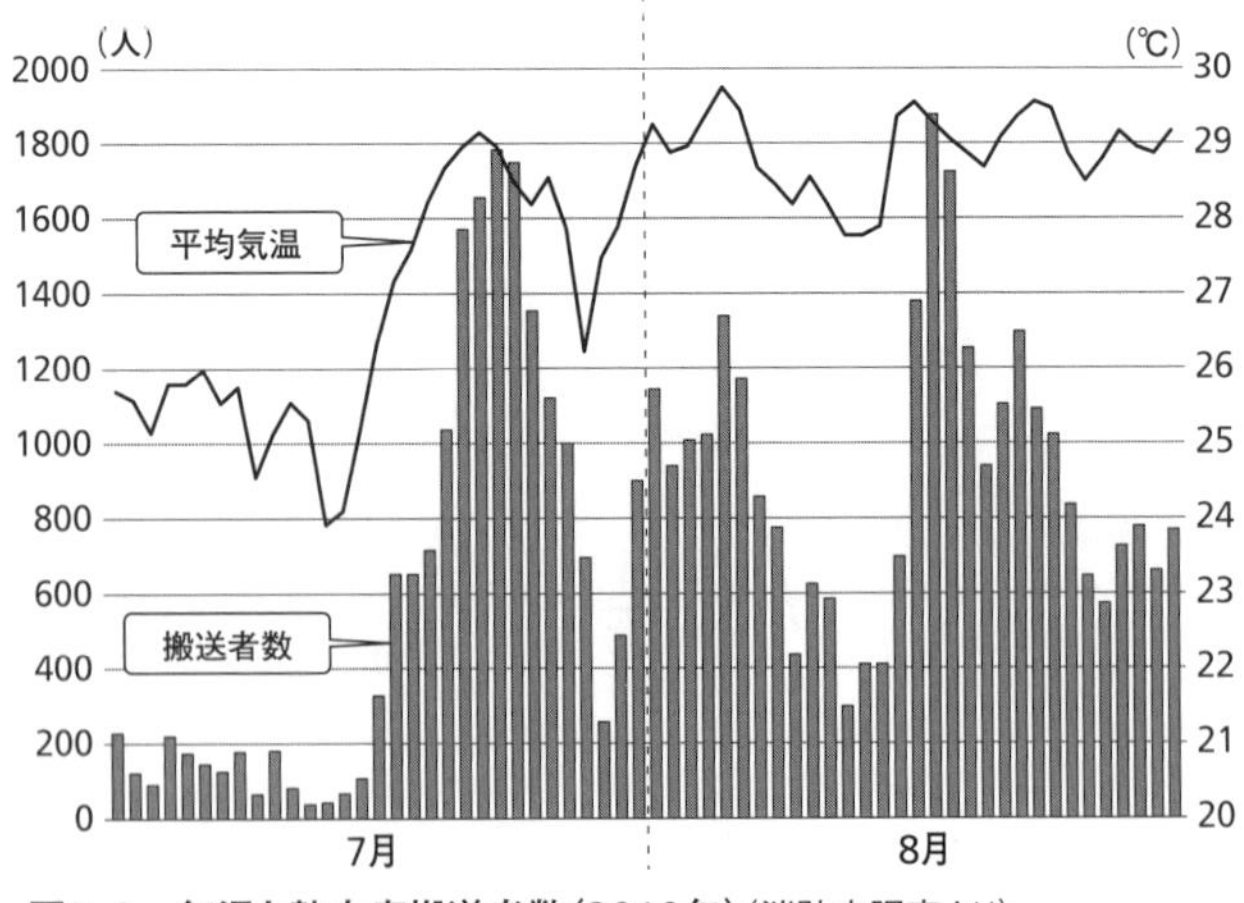

図5–3　気温と熱中症搬送者数（2010年）（消防庁調査より）

上昇、大量の汗が止まらない（逆に汗が出なくなる）、めまい、筋肉痛、頭痛、吐き気などで、重症化すると意識障害を起こして死に至ることがあります。

②急な気温上昇に注意！

熱中症は、急激に気温が上がる「暑さの初日」に特に注意が必要です（図5–3）。

熱中症の発生は7月から8月にかけてが多いのですが、梅雨の合間の突然気温が上がった日や梅雨明けしてすぐの暑い日に、熱中症搬送者の数が急増します。体が暑さに慣れていないと、体温の調節機能が気温の急な上昇に追いつかなくなるためです。暑さに備えた体作りは「やや暑い環境」で「ややきつい」

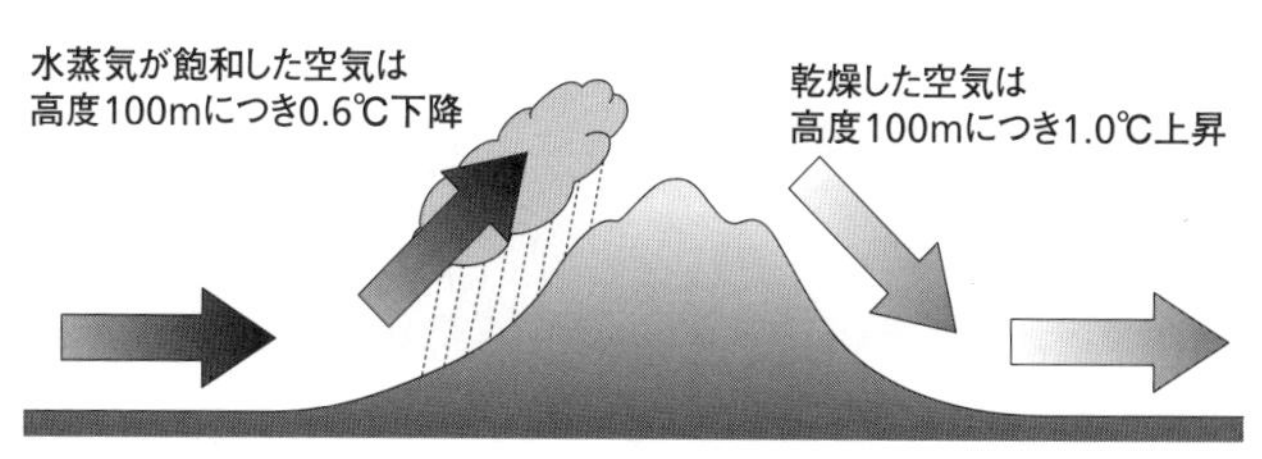

図5−4　湿ったフェーン

と感じる強度で、毎日30分程度がよいとされています。日頃からウォーキングなどで汗をかく習慣が身についていると、夏の暑さにも対応しやすく、熱中症の予防になります。

また、急に厳しい暑さになるときに熱中症になる人が増えるのは、日差しだけでなく、風による空気の流れも関係していることが多いのです。気温を高くするのは南風とは限らず、風上側の地形などが影響しています。

「フェーン現象」という言葉を、天気予報などで聞いたことがあるかと思います。

「山の風上側で空気が上昇するときは、１００ｍにつき気温は約０・６℃下がり、含まれていた水分は雨や霧になります。これに対して、山を越えて吹き下りるときは、１００ｍにつき約１・０℃上がるため、風下側で暑くなります」（図５−４）というのが、フェーン現象の一般的な解説です。

実際は、フェーン現象は雨が降らなくても起こります。山の風

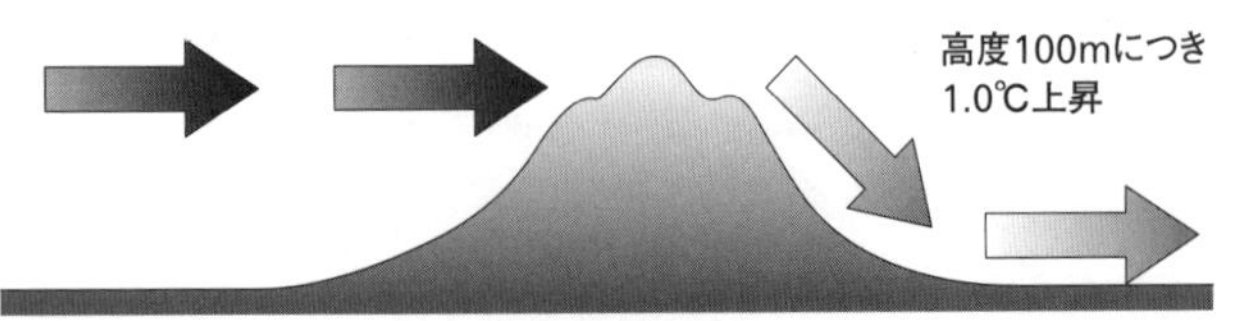

図5–5　乾いたフェーン

上側の上空に暑い空気が溜まっていて、その空気が山を吹き下りてくれば、風下側の気温は100mにつき約1・0℃上がることになります（図5–5）。

2018年に日本の最高気温を記録した埼玉県熊谷市など関東の内陸部では、体温を超えるような猛烈な暑さになることも珍しくありません。これは山を吹き下りるフェーン現象に加えて、東京周辺の都市部で暖められた熱気が風によって流れ込むことも影響しています。

また、高気圧の中心付近では、山がなくても気温が急に上昇することがあります。夏の太平洋高気圧は上空に暑い空気を溜め込んでいることが多く、この空気が吹き下りてくる高気圧の中心付近では厳しい暑さになりやすいのです。

③熱中症の危険は、気温だけではかれない

最高気温が30℃を超えるあたりから熱中症による死亡者数は増え始め、その後は気温が高くなるにつれて急増します。また、気温が高い

表5–1　暑さ指数（WBGT: Wet Bulb Globe Temperature）

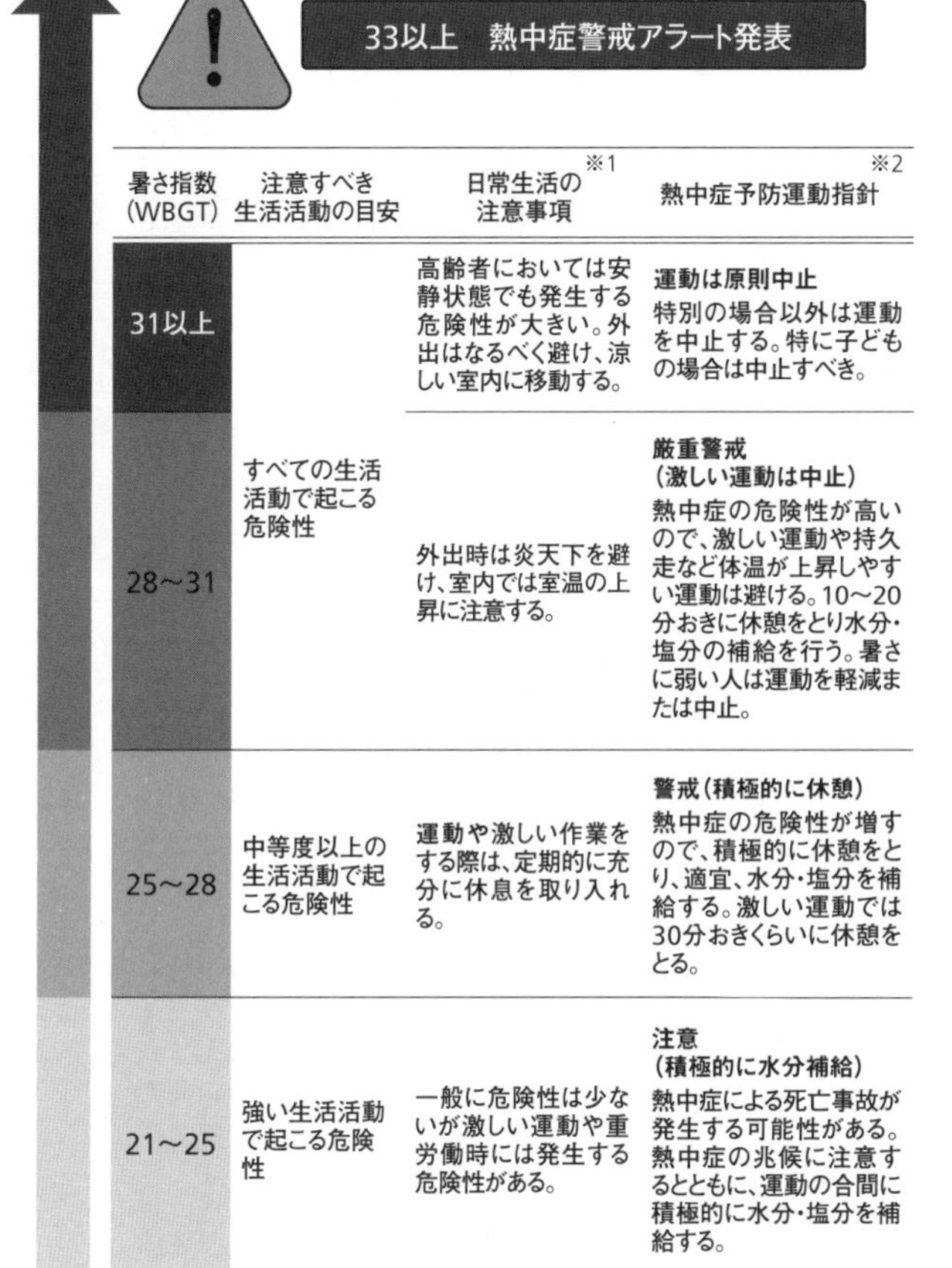

暑さ指数（WBGT）	注意すべき生活活動の目安	日常生活の注意事項※1	熱中症予防運動指針※2
31以上	すべての生活活動で起こる危険性	高齢者においては安静状態でも発生する危険性が大きい。外出はなるべく避け、涼しい室内に移動する。	**運動は原則中止** 特別の場合以外は運動を中止する。特に子どもの場合は中止すべき。
28〜31		外出時は炎天下を避け、室内では室温の上昇に注意する。	**厳重警戒（激しい運動は中止）** 熱中症の危険性が高いので、激しい運動や持久走など体温が上昇しやすい運動は避ける。10〜20分おきに休憩をとり水分・塩分の補給を行う。暑さに弱い人は運動を軽減または中止。
25〜28	中等度以上の生活活動で起こる危険性	運動や激しい作業をする際は、定期的に充分に休息を取り入れる。	**警戒（積極的に休憩）** 熱中症の危険性が増すので、積極的に休憩をとり、適宜、水分・塩分を補給する。激しい運動では30分おきくらいに休憩をとる。
21〜25	強い生活活動で起こる危険性	一般に危険性は少ないが激しい運動や重労働時には発生する危険性がある。	**注意（積極的に水分補給）** 熱中症による死亡事故が発生する可能性がある。熱中症の兆候に注意するとともに、運動の合間に積極的に水分・塩分を補給する。

※1　日本生気象学会指針より引用　※2　日本スポーツ協会指針より引用

（環境省・気象庁の資料をもとに作成）

場合だけでなく、日差しが強い、湿度が高いなどの気象条件でも熱中症は起こりやすくなります。

直射日光を受けていると、皮膚の温度が高い状態に保たれてしまうため、体内の温度も下がりません。また、湿度が高いと汗の蒸発が抑えられるため、体から熱が逃げにくくなります。

このような気温以外の気象条件も加えて、熱中症予防のための指標として考えられたのが、「暑さ指数（ＷＢＧＴ）」（表5－1）です。単位は気温と同じ℃ですが、人体に与える影響の大きい①気温、②湿度、③輻射熱（日差しなどからの熱）の三つを取り入れたもので、この指数を用いた「熱中症警戒アラート」が２０２１年から全国で本格的に運用を開始されることになりました。

④熱中症警戒アラート

熱中症警戒アラートは、暑さへの「気づき」を呼びかけるための情報です。暑さ指数（ＷＢＧＴ）が33以上になると予想された場合に発表されます（前日の夕方5時、当日の早朝5時）。

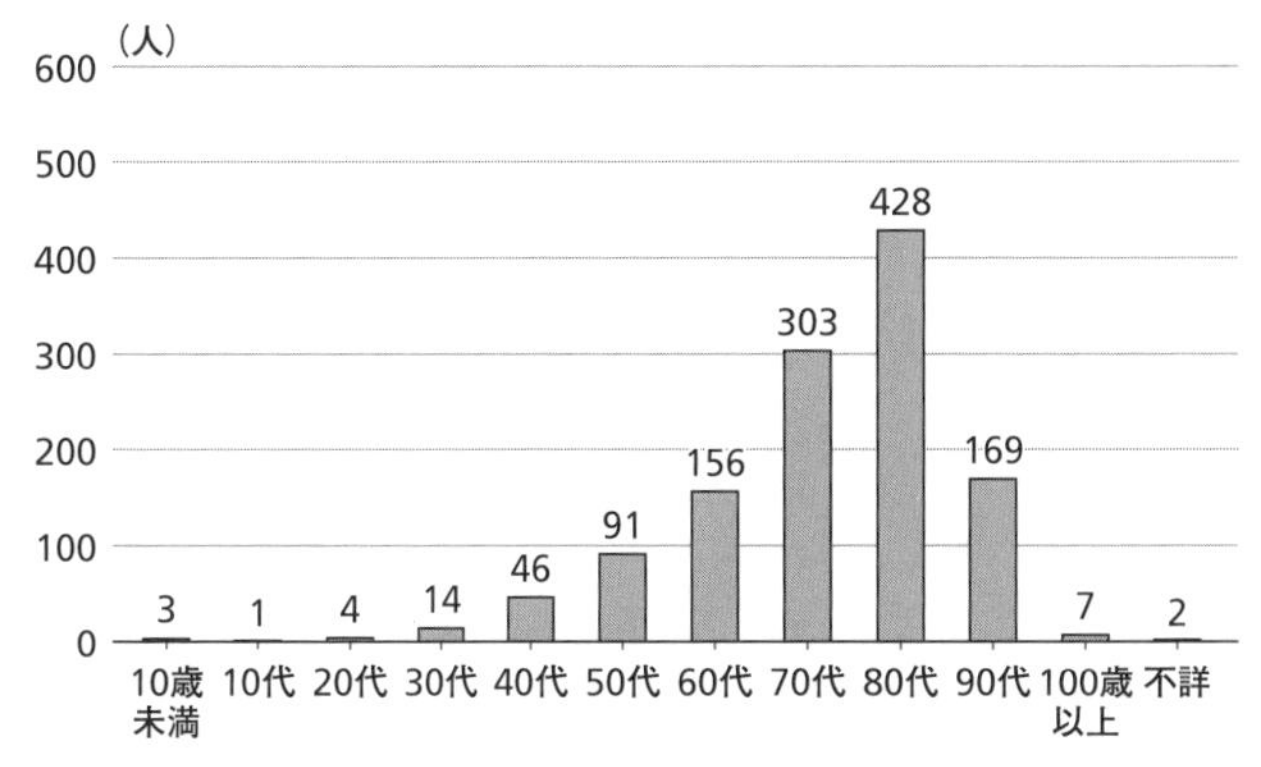

図5–6　熱中症による死亡者数・10歳階級別（2019年度）（厚生労働省「人口動態統計」をもとに作成）

表5–1からわかるように、暑さ指数は31以上が最も危険度の高いランクであり、熱中症警戒アラートが発表されたときは、熱中症の予防対策を普段以上に徹底する必要があります。不要不急の外出はできるだけ控えて、昼夜を問わずエアコン等を使用し、部屋の温度を調整して下さい。

⑤高齢者と子どもは特に注意

２０１９年の熱中症による死亡者の81・７％は65歳以上の高齢者です（**図5–6**）。高齢者は暑さを感じにくく、汗をかきにくいため、自覚がないまま熱中症になる危険があります。

のどの渇きを感じなくても、定期的にコップ一杯の水（１５０～２００㎖）を飲むように心がけて下さい。一般的に、食事以外に１日当たり１・２

リットルの水分補給が目安とされています。また、温暖化などの影響で昔より気温が上がっていますので、暑さを我慢しないことが大切です。エアコンや扇風機を活用し、調子が悪いときは家族や近くの人にそばにいてもらいましょう。

小さな子どもも体温の調節機能が未熟なため、熱中症になりやすいのです。また、地面の照り返しによって、大人よりも高い温度にさらされています。ベビーカーは地面に近くなるため、晴れて暑い日に使用する際は注意が必要です。子どもは寝ていると決めつけずに、定期的に確認して下さい。子どもは遊びに夢中になっていると、水分補給や休憩は疎（おろそ）かになりやすいので、声をかけて促して下さい。

日頃から栄養のバランスがとれた食事や睡眠、ウォーキングなどの運動を通して、暑さに負けない体づくりをすることも大切です。

⑥水分と塩分の補給の仕方

夏には毎日のように天気予報で「水分や塩分をこまめに補給して下さい」とお伝えしていますが、正確には「水分をこまめに補給し、一度に大量の汗をかいたときは塩分も補給して下さい」です。少しずつ汗をかいた場合は、汗とともに体から出ていく塩分は少量であり、味噌汁など日常の食事の中でも補給されます。ただし、筋肉がこむら返りを起こした場合などは、塩分が不足したために起こる熱中症の初期症状である可能性が高いため、水分とともに塩分を意識的に補給して下さい。

スポーツドリンクは、水分と塩分のバランスを考えて作られていますので、手軽に水分と塩分を同時に補給することができます。スポーツドリンクに含まれる糖分には、体の中で吸収を早める働きがあります。また、冷たい飲料であれば、体の中から体温を下げる効果があるとともに、胃にとどまる時間が短くなるので小腸に速やかに移動して水分の吸収が早まります。

熱中症の予防や応急処置に適した飲料として「経口補水液」がありますが、これは自宅でも簡単に作ることができます。

水1ℓに対して、砂糖40g（大さじ4と1／2）と食塩3g（小さじ1／2）を溶かすだけです。レモンやグレープフルーツなどの果汁を加えると、飲みやすくなります。2ℓの空のペットボトルを用意し、砂糖大さじ9と食塩小さじ1を入れて、水を加えるのが簡単です。水を途中まで入れた段階でよく振って、砂糖と塩を溶かして下さい。

表5-2　熱中症の症状と重症度

重症度	症　状	対　策
重症度 I度	・手足がしびれる ・めまい、立ちくらみがある ・筋肉のこむら返りがある（痛い） ・気分が悪い、ボーッとする	涼しいところで一休み。冷やした水分・塩分を補給しましょう。誰かがついて見守り、良くならなければ、病院へ
重症度 II度	・頭ががんがんする（頭痛） ・吐き気がする、吐く ・からだがだるい（倦怠感） ・意識がなんとなくおかしい	I度の処置に加え、衣類をゆるめ体を積極的に冷やしましょう
重症度 III度	・意識がない ・体がひきつる（けいれん） ・呼びかけに対し返事がおかしい ・まっすぐ歩けない・走れない ・体が熱い	救急車を呼び、最寄りの病院に搬送しましょう

⑦熱中症の重症度I・II・IIIの判断と応急処置

熱中症は予防が第一ですが、少しでも軽い症状の段階で、本人もしくは周りの人が異常に気づいて、適切な処置をすることも大切です。

日本救急医学会では重症化を防ぐために、熱中症の症状を重症度によってI・II・IIIの三つに区分しています（表5―2）。

ここで最も大切なのは、重症度IIIの症状の人を発見したときに、躊躇せずに119番に通報し救急車を呼ぶことです。死に至る可能性があり、病院での治療を受ける必要があります。救急車が来るまでの間は、少しでも体を冷やして下さい。風通しのいい日陰や、クーラーが利いている屋内などに移動させて、体に水をかける、ぬれたタオルを当てて扇（あお）ぐなどして、体の熱を逃がして下さい。首や脇の下、足の付け根などの、太い血管が皮膚の近くにある部分を冷やすと効果が大きいです。

重症度Ⅱの症状でも、自分で口から水分を摂ることができない場合は、すぐに病院へ連れて行く必要があります。涼しい場所で安静にし、体を冷やしながら、水分と塩分を補給しても症状が良くならない場合も病院へ行って下さい。

重症度Ⅰの段階で、無理をしないで下さい。涼しい場所で休憩し、水分や塩分を補給する必要があります。部活動などでは、選手が自分から休憩を申し出ることは難しい場面もあると思います。指導者や周りの人が体調の変化に目を配り、声をかけることも大切です。

熱中症は日常生活の中に潜んでいて、誰でもなる可能性があります。地球全体の温暖化などによって熱中症のリスクは今後も高まることが予想されますので、個人の予防努力とともに集団で活動するときは互いに配慮することが必要でしょう。

チェック　熱中症は習慣と気遣いで防ぐことができる

熱中症の予防 外出編	・30℃を超えるとき、蒸し暑いときは特に注意 ・日傘や帽子を着用 ・日陰の利用、こまめな休憩 ・通気性のよい、吸湿、速乾の衣服を着用 ・飲み物を持ち歩く ・一度に大量の汗をかいたら塩分も補給 ・無理をしない
熱中症の予防 自宅編	・温度計で室温チェック、28℃以下が目安 ・すだれ、カーテンで直射日光を防ぐ ・扇風機やエアコンで温度調整 ・水分はのどが渇いたと感じる前に補給 ・就寝前にコップ１杯の水、枕元に水 ・我慢をしない
もしものときの 応急処置	・意識がない、返事がない、まっすぐ歩けない、は119番 ・涼しい場所で安静にし、水分と塩分を補給 ・自力で水が飲めないときは病院へ ・首や脇の下、足の付け根を冷やすと効果的 ・経口補水液（水1ℓ：砂糖40g：塩3g） ・躊躇をしない

第6章

「大雪」の災害は〝慣れ〟から起こる

1　雪の事故は油断が命取り

2018年2月、北陸地方を中心に記録的な大雪となり、福井県や石川県で大規模な車の立往生が発生しました。「消防白書」によると、この冬の雪害による死者は116人（交通事故は含まない）でしたが、このうちの約9割に当たる102人が屋根の雪下ろし等の除雪作業中の事故によるものでした。

雪止め金具が付いていない屋根は、いつ雪が動き出すかわからないので、上がってはいけません。また、雪下ろしの際に、命綱を屋根に固定するための「アンカー」が普及していないことが、事故が多い原因として指摘されています。次の大雪に備えて、設備を整えることから始めて下さい。

雪の事故は、雪に埋もれて発見が遅れるケースが多く、そのことが命取りになっています。すぐに救助できるように、除雪作業は必ず2人以上で行って下さい。また、高齢者が除雪を頼める人がいないため、やむを得ず自分で作業を行うことが、死者数を増やす原因として考えられます。近隣どうしが日時を決めて、地域コミュニティが一斉に除雪作業を行う取り組みが大切でしょう。

晴れて暖かい日の午後は、屋根の雪がゆるんで落ちやすくなります。軒下など落雪のおそれがあるところは注意して下さい。また、雪が融けて流れる水路や側溝のある場所はあらかじめ把握し、近づかないで下さい。頭上と足元の両方に注意が必要です。

除雪機の事故は、約7割が40代、50代などの比較的若い世代です。除雪を急いで終わらせたい気持ちがあると思われますが、除雪機の雪詰まりを取り除くときは、エンジンを止めてから棒などを使って行いましょう。足を滑らせた際に、手や足が巻き込まれて死に至る事故が発生しています。

また、緊急時の連絡手段として、携帯電話やスマートフォンを持つことをお勧めします。事故が発生した際に、負傷者が自ら通報して救助された例もあります。

私は大学4年間とその後の3年半を北海道で過ごしました。深夜に駐車場で車が動かなくなり、氷点下の中で汗だくになって除雪をしたことや、車がスリップして路肩にタイヤが落ちた際に通りすがりの方に助けていただいたことは、一度や二度ではありません。

除雪作業は重労働であり、雪の多い地域では誰もが苦労することです。体調がすぐれないときは周りの住民に協力してもらうなど、無理をしないで互いに助け合うことが大切でしょう。

2　雪による死亡災害

①雪による建物の倒壊

［2012年3月19日午後2時ごろ、青森県六ヶ所村で、木造平屋の物置小屋が屋根の雪の重みで倒壊しているのを住民が発見して消防署に通報した。住民の1人の姿が見えなくなっていたため、消防署員らが現場を捜索したところ、同午後3時40分ごろ、小屋の下敷きになって倒れている男性が発見されたが、すでに死亡していた。屋根には約1mの積雪があり、小屋はその重みでやや傾いていた。］

降ったばかりの新雪でも1㎥あたりの重さは100kg前後あり、100㎡の屋根に1mの雪が積もれば10tの重さになります。締まった雪になった場合の重さは5倍以上になることもあります。

建物の構造によって雪の重みに耐えられる強度は違いますが、雪下ろしを怠っていると重い雪の塊が頭上から落ちてくる危険があります。

②雪崩による事故

［2012年2月1日午後5時ごろ、秋田県仙北(せんぼく)市田沢湖玉川にある玉川温泉の岩盤浴場で雪崩(なだれ)が発生し、宿泊していた3人が巻き込まれた。従業員らが救出したが、3人とも死亡が確認された。現地調査により、約3万㎡の大規模な「表層雪崩」だったと見られている。］

雪崩には「表層雪崩」と「全層雪崩」があり、それぞれ発生しやすい条件が違います。

表層雪崩は、古い積雪の上に数十㎝の新たな大雪が降ったときに、新雪部分が滑り落ちる現象です。気温が低く、降雪が多い1～2月ごろに多く発生します。時速は100～200㎞に達し、雪崩の死者の9割はこの表層雪崩によるものです。

全層雪崩は、積雪と地面との間に隙間ができて水が流れ、積雪全体が滑り落ちる現象です。春先に雨が降るときやフェーン現象などによって気温が急上昇するときに多く発生します。時速は40～80㎞で、自動車と同じくらいの速度があります。

急な斜面（30度以上）で、樹木の少ない場所は雪崩が発生しやすい場所です。斜面に雪庇(せっぴ)

と呼ばれる雪の張り出したところや、雪のしわ、ひびができているときは雪崩につながる危険があるため、絶対に近づかないで下さい。

③雪道での歩行中の転倒

［2011年12月15日夜、札幌市手稲区をパトロール中の警察官が、凍結した路面で足を滑らせて転倒した男性を発見した。救急車を呼んだが男性は拒否したという。泥酔状態で自宅が確認できずに、同署で保護していたが、翌16日朝に男性の容態が急変。市内の病院に搬送されて、治療を受けていたが、23日に亡くなった。］

転倒事故は、頭を強く打つといのちに関わることがありますので、雪道に慣れていない方は特に気をつけて下さい。靴は底にピンやゴムなど滑り止めのついたものを選びましょう。雪道を歩くときは、滑りそうな道かどうか、路面をよく確認することが大切です。横断歩道やバス・タクシーの乗り場、建物の出入口は踏み固められて、滑りやすくなっていることが多いです。

小さな歩幅で重心を前にし、足の裏全体で路面を踏みしめるように歩きましょう。ポケットに手を入れたまま歩くと、体のバランスがとりづらく、とっさの場合に手を使うことができないため、たいへん危険です。持ち物があるときは、両手が自由になるようにリュックサックがお勧めです。

④雪道でのスリップ事故

［2012年11月23日午前11時15分ごろ、北海道鶴居村の国道274号で、乗用車とダンプカーが衝突。乗用車に乗っていた4人のうち、男性1人、女性2人の計3人が死亡した。現場は乗用車から見て緩い下りの右カーブで、路面の一部にはシャーベット状の雪があった。］

雪道の運転で特に注意が必要なのは、場所によって積雪や凍結の状態が異なり、部分的に滑りやすい状態の道路です。特に橋の上は地中の熱の影響を受けないことから、積雪や凍結をするのが早いため気をつけて下さい。アスファルト舗装面に薄い氷の膜ができているブラックアイスバーンなど、凍結していることがわかりにくい場合もあります。また、雪が降り始める初冬や突然の大雪が降ったときは、雪道の運転に慣れていない人が多く、冬用のスタッドレスタイヤをつけた車と夏用の通常タイヤをつけた車が混在しているため、衝突事故の危険性が高くなります。

雪がやんでいても、積もった雪が風で吹き上げられる「地吹雪」によって見通しが利かなくなることがあります。前を走る大型車などが路面の雪を巻き上げたために、急に前が見えなくなることもありますので、車間距離は十分にとって運転して下さい。

⑤吹雪で立ち往生した車の中で

［2013年3月2日午後7時10分ごろ、北海道中標津町で乗用車が雪の吹きだまりに埋まり、車内に4人が閉じ込められていると消防に通報があった。4人は病院に運ばれたがいずれも死亡が確認された。死因は一酸化炭素中毒と見られている。］

吹雪や地吹雪のときは、風で飛ばされた雪が建物や車などの風を遮る場所に集まって「吹きだまり」が作られます。短い時間で車全体が雪に埋もれてしまい、動けなくなることがありますが、マフラーの排気口が雪で詰まると、車の排気ガスが逆流してしまいます。排気ガスに含まれる一酸化炭素は無色・無臭のため、車内に入ってきても気がつきません。車のエンジンを切るか、排気口付近の除雪を頻繁に行いながら救助を待つ必要があるため、防寒着やスコップなどは車の中に常備しておくべきでしょう。2020年12月には関越自動車道で1000台を超える車の立ち往生が発生しました。猛吹雪で見通しが悪くなることが予想されているときは、外出を控える判断も必要です。

⑥雪山での事故（山岳事故）

［2013年1月3日深夜、富士山で道に迷っていた埼玉県の男性2人が静岡県警に救助された。2人は3日正午ごろ、閉鎖中の富士山スカイライン入口（標高1500m）付近から入山。革ジャンにチノパン、スニーカーという軽装で、懐中電灯やテントなどの登山用装備は持っていなかった。］

2013年の年末年始は富士山や北アルプスなどに入山した登山者の多くが遭難し、死者・行方不明者の数は10人を超えています。厚手の服を着込み、食料や燃料など登山用装備を整えるのはもちろんですが、気象条件によっては計画を中止する必要があります。

自分は大丈夫という安易な思い込みが、自分のいのちを危険にさらすだけでなく、多くの人に迷惑をかけることを忘れないで下さい。

3　雪の量だけでなく風や温度の変化にも注意

①西高東低の冬型の気圧配置

冬になると、天気予報で「西高東低の冬型の気圧配置」もしくは「縦縞模様の冬型の気圧配置」という言葉を聞くことが多くなると思います。この気圧配置のときは、日本海側を中心に雪が降ります（図6－1）。

大陸の高気圧から時計回りに風が吹き出し、日本付近は北や北西からの風（季節風）が吹きます。大陸の空気は冷たく乾いていますが、日本海を渡ってくるときに海から水蒸気や熱の補給を受けて、雪雲が発生します。この雪雲が日本列島の中央に連なる山にさえぎられることで、日本海側を中心に雪が降り、特に山間部（山と山の間の地域）や山沿い（平地から山に移る地帯）で雪の降る量が多くなります（図6－2）。

ただし、風の強さや風のわずかな方向の違いなどによって、雪雲は太平洋側にも流れ込みます。特に琵琶湖周辺（若狭湾から関ヶ原にかけて）は雪雲をせき止める山が低いため、北西の風が強いときは名古屋など東海地方に雪雲が流れ込んで、新幹線など交通機関に影響

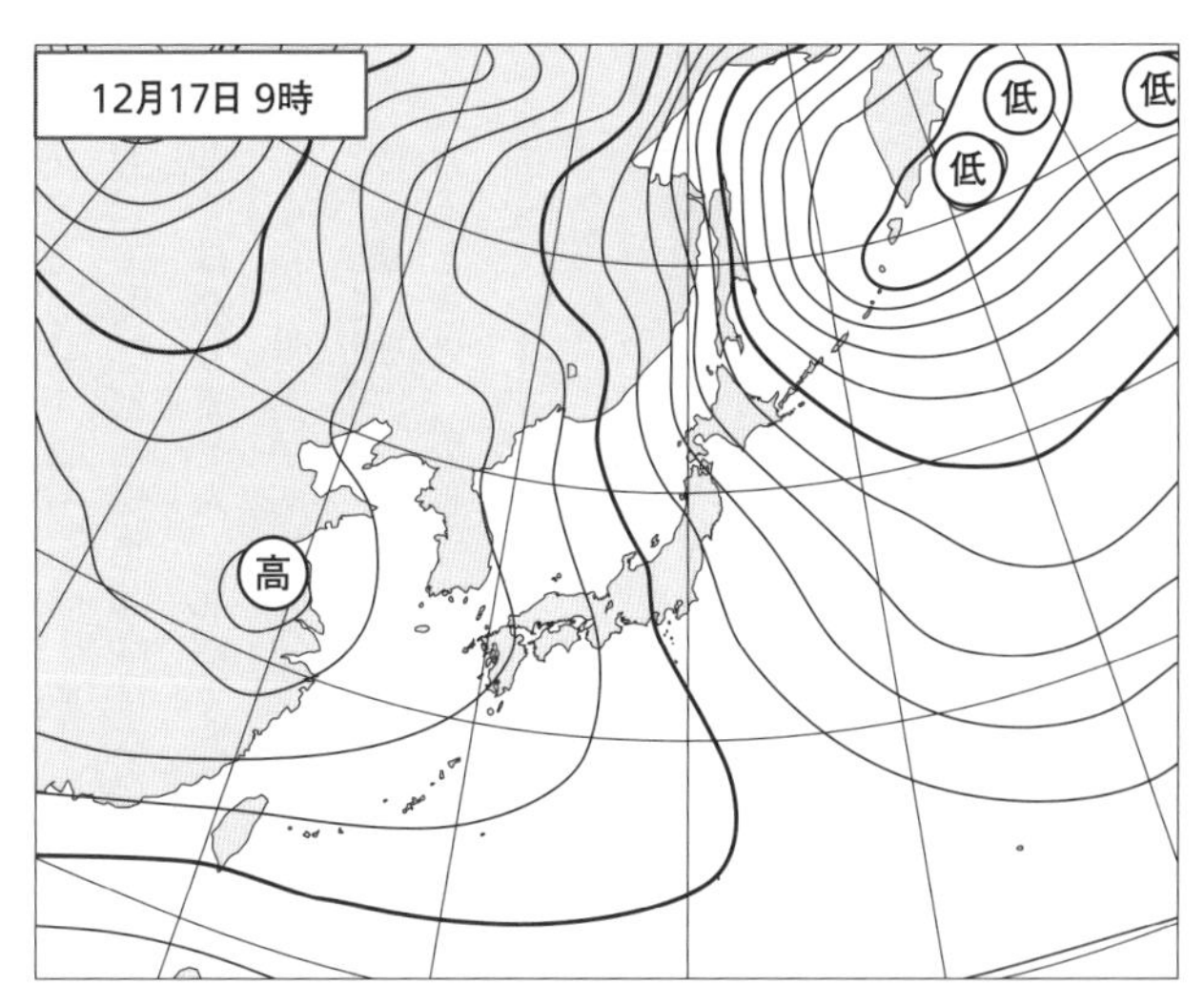

図6–1　西高東低の冬型の気圧配置（2020年12月17日午前9時）（気象庁HPの資料をもとに作成）

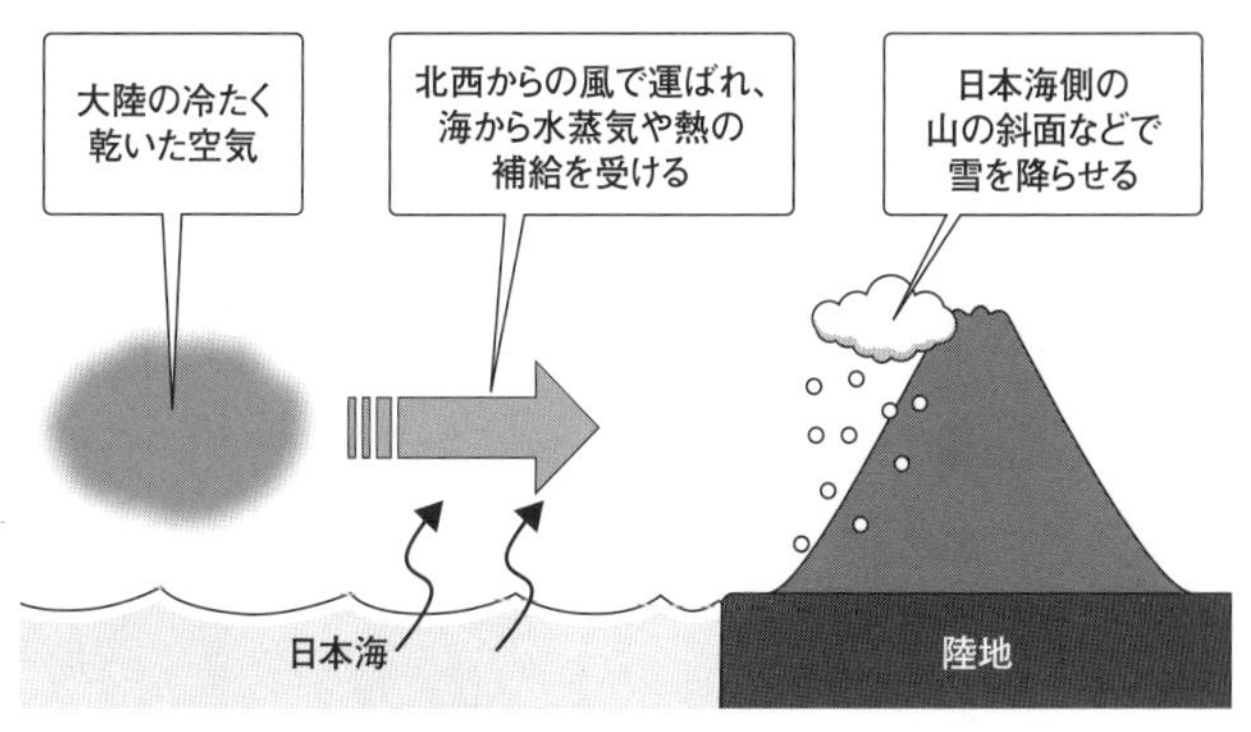

図6–2　冬型で大雪になる仕組み

が出ることがあります。

一方、福岡など九州北部は日本海側に面していますが、北西の風が吹くときは雪の降る量が多くはなりません。北西方向に朝鮮半島があるため、大陸から吹く風の海を渡る距離が短くなり、雪雲があまり発達しないのです。

また、風と風がぶつかって小さい低気圧や、日本海寒帯気団収束帯と呼ばれる「帯状雲」ができるときは、平野部でも局地的に大雪となります。雪がどこで降るかは、風の予報が鍵を握っています。

②南岸低気圧

南岸低気圧は、日本の南の海上を東寄りに進む低気圧のことで、太平洋側を中心に大雪を降らせるおそれがあります（図6－3）。

そもそも日本付近で降る雨のほとんどは、上空で雪だったものが地上に降りてくる間に融けて雨になったものです。雨になるか雪になるかは地上付近の気温や湿度によって決まりますが（図6－4）、この気温や湿度は、低気圧の進むコースや発達の程度、内陸部から移動してくる冷たい空気など様々なことが影響します。

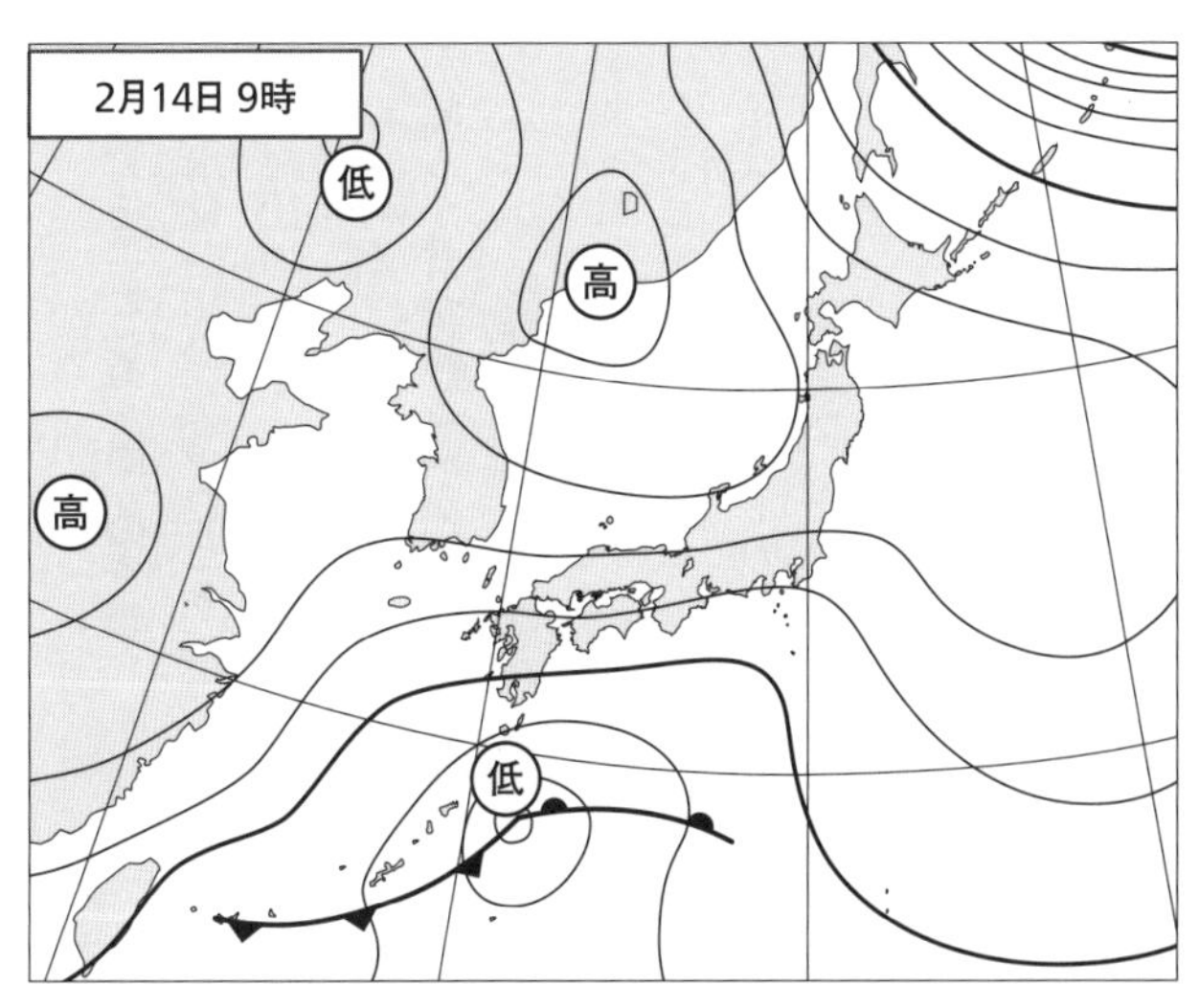

図6–3　南岸低気圧の気圧配置(2014年2月14日午前9時)(気象庁HPの資料をもとに作成)

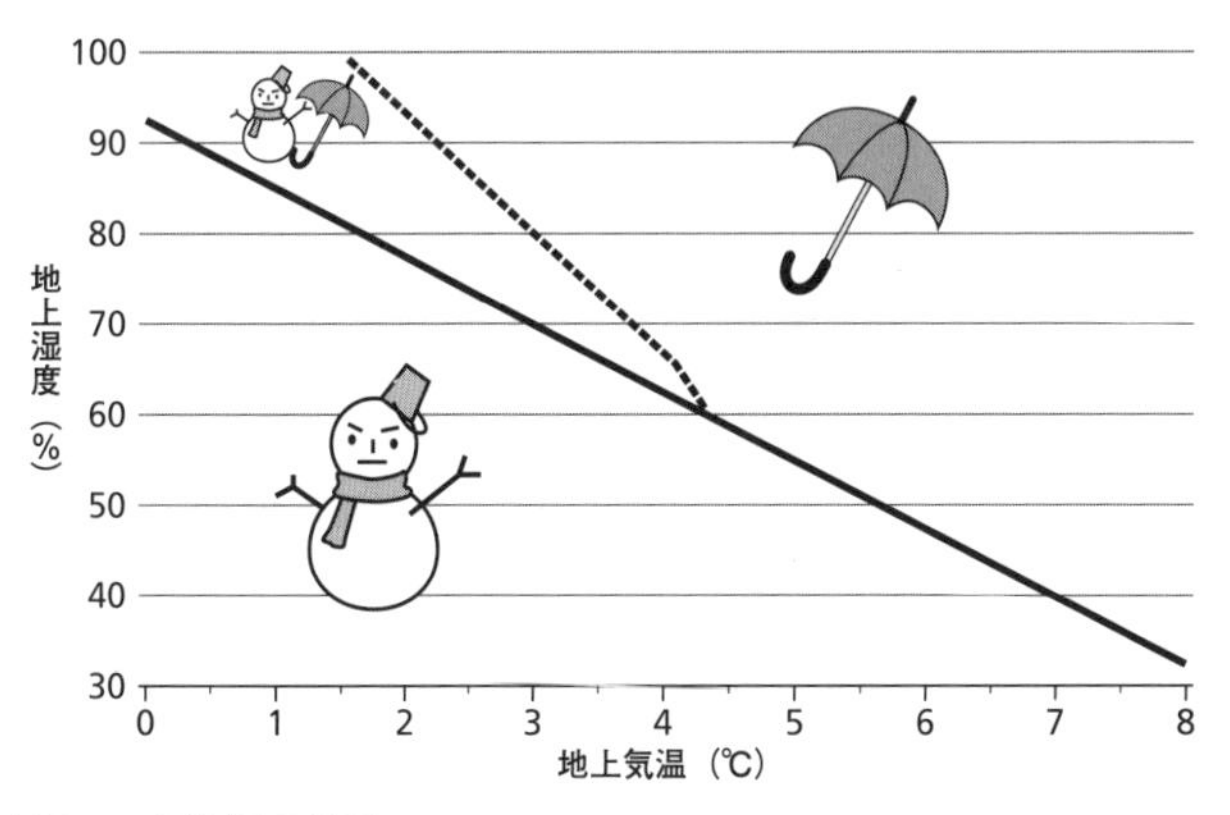

図6–4　雨と雪の境目

③「雨か雪」と「雪か雨」の予想

降水量が10㎜だったときに、雨として降ればたいしたことはありませんが、雪として降れば約10㎝となり、除雪が必要なほどの雪となります。雨と雪の判別は極めて重要です。

天気予報では、基本的には「雨」「雨か雪」「雪か雨」「雪」の4種類を使っています。雨が降るか雪が降るかが明確に判断できない場合、雨の降る可能性のほうが高いときは「雨か雪」、雪の降る可能性のほうが高いときは「雪か雨」と発表されます。また、予報の対象地域の中で雨になる地域のほうが、雪になる地域より広い場合にも「雨か雪」という表現になります。

私は気象キャスターの立場として、「雨から雪に変わる」「雨に雪が混じる程度で、積もることはない」など、できるだけ具体的に伝えるように心がけています。しかし、予想にぶれがあると判断したときは、そのことを伝えた上で、念のため注意をするように呼び掛けています。予想が当たるかどうかではなく、被害を軽減することが何より優先すべきことです。

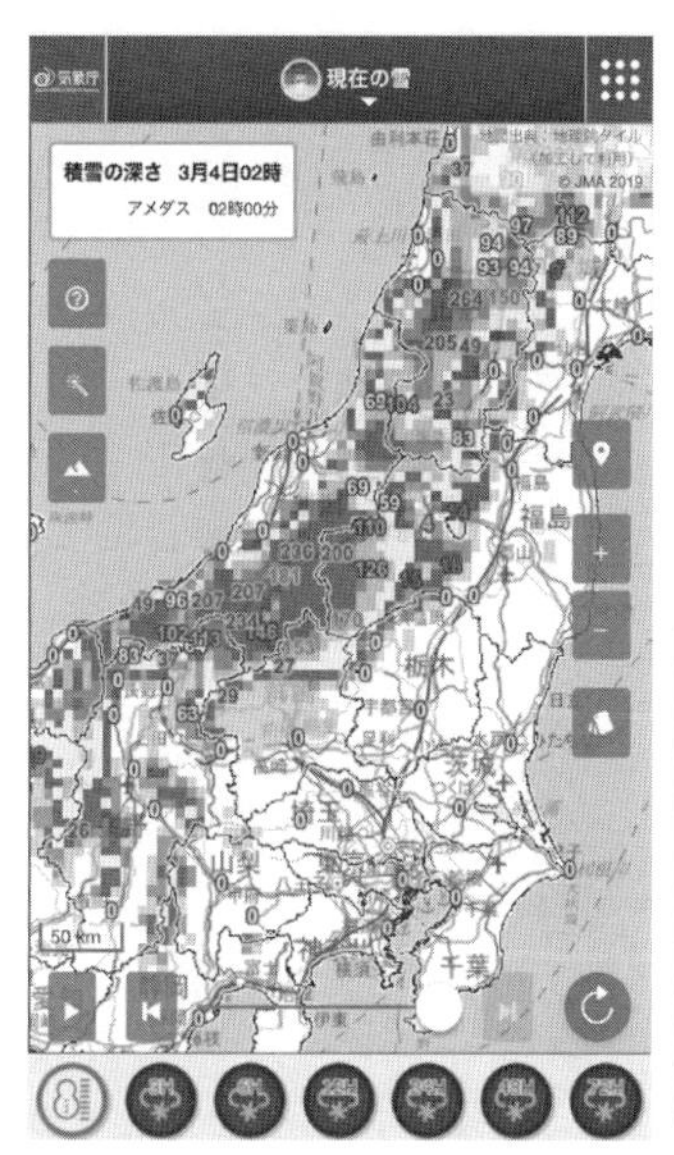

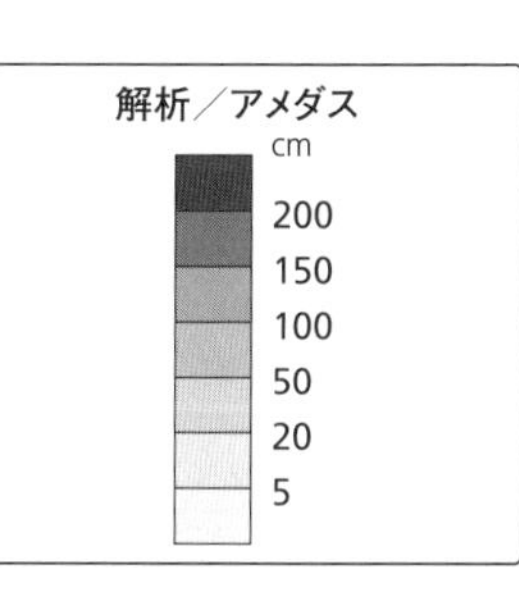

図6–5　積雪の深さがわかる「現在の雪」(気象庁HPより)

④「現在の雪」は点から面へ

雪の状況を知る手段は少なく、アメダスの積雪計による「点」の観測に頼るところが大きかったのですが、２０１９年から「解析積雪深・解析降雪量」の提供が始まりました。これにより、雪の観測が行われていない地域を含め、積雪や降雪の分布を「面」的な広がりのある情報として把握できるようになりました。

この「現在の雪」(図6–5)は、道路や鉄道などの地図情報と重ねて見ることができるため、目的地までの経路変更や交通障害への備え、観光の計画など様々なことに役立ちます。

⑤雪にまつわる注意報・警報

「大雪注意報・警報」の発表基準は、地域によって随分違いがあります（表6−1）。新潟市では6時間に15cm以上の雪が降ると予想されたときに、「大雪注意報」が発表されます。普段から雪に慣れている地域でも、短い時間に多くの雪が降り積もるときは、あらかじめ雪に対する備えをしておく必要があります。

一方、東京23区は少しの雪でも交通などへの影響が大きくなるため、発表の基準は低く設定されていて、12時間で5cm以上の雪が降ると予想されたときに「大雪注意報」、12時間で10cm以上の雪が降ると予想されたときに「大雪警報」が発表されます。また、雪は山間部で降りやすいため、札幌のように同じ市内でも平地と山間部で発表の基準が違うところもあります。

「風雪注意報・暴風雪警報」は、風による災害に加えて、雪を伴うことによる視程障害（見通しが悪くなること）のおそれがあるときに発表されます。天気予報では「吹雪に注意」「猛吹雪に警戒」と表現することが多いですが、状況によっては外出を控える必要がありま

表6-1　地域別の注意報・警報の基準

	大雪警報	大雪注意報	雪崩注意報
札　幌	平地6時間降雪の深さ30cm あるいは12時間降雪の深さ40cm 山間部12時間降雪の深さ50cm	平地12時間降雪の深さ20cm 山間部12時間降雪の深さ30cm	① 24時間降雪の深さ30cm以上 ② 積雪の深さ50cm以上で、日平均気温5℃以上
新　潟	6時間降雪の深さ30cm	6時間降雪の深さ15cm	① 24時間降雪の深さが50cm以上で気温の変化が大きい場合 ② 積雪が50cm以上で最高気温が8℃以上になるか、日降水量20mm以上の降雨がある場合
東　京（23区）	12時間降雪の深さ10cm	12時間降雪の深さ5cm	基準は特になし

（気象庁HPより）

す。また、吹雪の影響で電線が切れて、停電が発生することがありますが、天気が回復するまで復旧作業ができないため、長期化しやすくなります。懐中電灯はもちろん、飲食物や電気を使わないで寒さをしのぐ用意をするなど屋内での対策も必要です。

第2章でもお話ししましたが、警報級の大雪や暴風雪が5日先までに予想されているときは、「早期注意情報（警報級の可能性）」が発表され、その可能性を［高］［中］の2段階で知ることができます。これによって、早い段階で危機意識を共有し、災害に備えることができるようになっています。

「雪崩注意報」は、これから降る雪の量が多いときに発表される場合と、すでに多くの雪が積もっている状態で、気温が上がったり多くの雨が降ったりして雪が緩むときに発表される場合があります。「雪崩注意報」が発表されているときは、屋根からの落雪も起こりやすいので、軒下などは気をつけて下さい。

「着雪注意報」は、電線などに雪がこびりついて重くなり、その重みで電線が切れたり、電柱が倒れたりするなどの災害が発生するおそれがあるときに発表されます。気温が0℃前後のときに、湿った重たい雪になることが多く、着雪の被害が起こりやすくなります。

「融雪注意報」は、雪が融けることによって、浸水や土砂災害などの災害が発生するおそれがあるときに発表されます。春になって気温が上昇し、大雨が降ったときには、雪融けによる水と大雨の水が合わさって川が氾濫することもあります。

雪による災害は、降る量だけでなく、そのときの気温の変化や風の強さなどによって影響が拡大するおそれがあります。気象台が発表する注意報・警報の意味を正しく理解し、適切な対応をとることが求められます。

⑥上空の寒気と雪が降る目安

天気予報を見ていると、「上空に強い寒気が流れ込んで……」という解説を聞くことがあると思います。天気予報で「上空」というときには、主に「１５００m付近（８５０hpa）」と「５５００m付近（５００hpa）」の二つの高さがあって、雪が降る目安などに使われています。

上空１５００m付近で、温度がマイナス６℃以下で雪となりますが、これは冬型の気圧配置で雪が降るときの目安です。南岸低気圧のときはマイナス３℃より高くても雪が降る場合が多くあります。

上空５５００m付近で温度が低く、地上気温との温度差が大きくなると、それだけ雲が高くまで発達するため、雪の量が多くなります。大雪になる目安は、一般的に上空５５００mの気温がマイナス36℃以下と言われています。

雪の災害は、居住地域による慣れや経験が最も影響する災害の一つです。除雪作業中の事故が多いように、慣れているという油断がいのちを落とすことにつながることを忘れないで下さい。

チェック　慣れや過信が雪の事故を招く

雪が積もったときの注意点

・交通機関に影響が出ることを考え、時間に余裕を持った行動を
・靴底はピンやゴムなど滑り止めのついたものを
・横断歩道やバス・タクシーの乗り場、建物の出入口は滑りやすい
・小さな歩幅で重心を前にし、足の裏全体で路面を踏みしめるように歩く
・両手が自由になるようにリュックを活用
・冬用タイヤがないときは、完全に雪が融けるまで運転はしない
・車間距離を十分にとって、急ハンドル、急ブレーキ、急アクセルは禁止
・停電に備えて、懐中電灯や寒さをしのぐ方法を
・雪融けの時期は、雪崩や浸水、土砂災害の危険がある
・気象条件によっては計画の中止を

除雪をするときの注意点

・除雪作業は周囲に声をかけて2人以上で
・低い屋根でもヘルメットや命綱は必ず着用
・はしごは固定を忘れずに
・雪下ろしは、建物周りに雪を残した状態で
・晴れて暖かい日ほど、落雪に注意
・水路や側溝のある場所を確認
・除雪機の雪詰まりの除去は、エンジンを止めて棒などで
・緊急時のために携帯電話を持つ
・疲労時は作業をしない

第7章 「地震」頻発時代をどう生き抜くか

１　相次ぐ震度7の地震

２０１１年３月11日午後２時46分に、東北地方太平洋沖地震（東日本大震災）が発生、あれから10年が経ちました。この間にも最大震度７を記録した地震は、熊本県で２回、北海道で１回発生しています。どちらも私が暮らしたことのある土地でした。

熊本県益城町で最初の震度７の揺れを観測したのは、２０１６年４月14日午後９時26分、私が出演しているＮＨＫニュースウオッチ９の放送中でした。緊急地震速報の直後から地震報道に特化した放送となり、私は熊本の地理に詳しいものとして情報収集に努めました。およそ28時間後、16日午前１時25分に２回目の震度７の地震が発生、車中泊をする友人が急増したため、Ｔｗｉｔｔｅｒ（ツイッター）やＬＩＮＥのグループトークも使い、天気予報や日の出の時刻などを伝え続けました。

２０１８年９月６日午前３時７分、北海道胆振東部地震が発生、厚真町鹿沼で震度７を観測しました。巨大地震が切迫しているとみられていた北海道の沖合にある千島海溝ではなく、内陸を震源とする地震でした。震源の近くで大規模な土砂災害が発生したほか、道内のほぼ全域で電力が止まる「ブラックアウト」が起こりました。かつての同僚たちがどのような状況にあるのか、気が気ではありませんでした。

２００３年、私は北海道文化放送の記者として、フジテレビ系列の地震報道プロジェクトに参加していました。巨大地震が起きたときに、いかにして全国の系列局が協力して放送を行うかを探り、また地震の特別番組の作成を通じて各局に地震に詳しい人材を育てることがプロジェクトの目的にありました。

私は北海道南西沖地震（１９９３年7月12日）から10年の節目を迎えた奥尻島で、津波被害からの復興を取材し、地震からわずか2～3分後に津波の第一波が到達した当時の状況を住民の方から聞きました。地震発生は夜遅く、午後10時17分12秒。多くの住民は自宅にいましたが、必ずしもより高い場所に住む人が助かったわけではありませんでした。奥尻島は１９８３年の日本海中部地震でも津波の被害を受けており、このときの津波の到達は地震発生から約17分後でした。この経験から、93年には、地震発生後にすぐに高台へ歩いて避難した人の多くが助かりました。一方で、津波の到達までは時間があると誤った判断をして、津波にのみ込まれた方も少なくありませんでした。

この北海道南西沖地震の津波を契機に、気象庁は「津波警報を3分以内で発表」するように改善し、のちに「緊急地震速報」のための観測の要となる、高感度地震計の設置も開始されることになりました。

「この揺れならば、震度3ぐらいあるかな？」

東日本大震災以降、全国で地震の発生が増えているため、地震が起きると今の震度はどれくらいか、おおよその見当がつくという方も多いと思います。そう考えるより先に、すぐに自分の身の安全を図るべきですが、1996年4月以前の「震度」は、気象台の職員の体感や建物などの被害状況を階級表に当てはめて決定していました。震度を速報で伝えることは不可能であり、被害が甚大な場合は震度がわからないという致命的なものでした。今では計測震度計により自動的に震度を観測し、速報しています。わずか20年ほどの間に、地震対策は急速に進んできたのです。

東日本大震災は1000年に一度の巨大地震とも言われています。

私は1000年に一度の大地震に、日本の科学技術の進歩はぎりぎり間に合ったのだと思っています。地震の予知はできなくても津波の発生は予想できていた。しかも、その情報を場所を選ばずに得られる携帯電話も普及していました。

それでも2万人近くの尊いいのちが奪われてしまいました。技術はあった、しかし、その技術はあっても「伝え方」や「受け取り方」に問題があったのではないかと思っています。東日本大震災を契機に、津波警報のあり方など、さらに多くの改善が行われました。しかし、情報の発表だけではいのちを守ることはできません。私たち一人一人が自分のいのちは自分で守るという意識を持って、情報を有効に利用する必要があります。

2 地震による死亡災害

日本はもともと地震が発生しやすい場所に築かれた国です。

国土の約38万㎢は、地球表面の約0・07％であり、周辺海域まで含めても1％程度です。ところが、世界中で起きるマグニチュード5・0以上の地震の約10％は日本とその周辺で発生しているといわれています。地震による災害で亡くなった人の数は、明治以降だけでも約20万人にのぼります（表7－1）。

表7–1　過去の巨大地震と被害者の数

発生年	名称	マグニチュード	被害
684年	天武天皇の南海・東海地震	8.25	家屋・神社の倒壊、山崩れで死者多数。
869年	貞観の三陸沖地震	8.3	津波により、溺死者約1000人。
887年	仁和の南海・東海地震	8〜8.5	京都で家屋の倒壊による圧死者、津波による溺死者多数。
1096年	永長の東海地震	8〜8.5	東大寺の巨鐘が落下。津波により家屋・寺社400以上が流出。
1099年	康和の南海地震	8〜8.3	津波が太平洋岸を襲い、土佐で田畑1000町以上が水没。
1361年	正平の南海地震	8.25〜8.5	阿波で津波による被害大。60人余りが溺死。
1498年	明応の東海地震	8.2〜8.4	紀伊から房総、甲斐に大きな揺れ。津波で4万人以上が溺死。
1611年	慶長の三陸沖地震	8.1	津波による被害大。北海道東部でも死者。
1703年	元禄地震	7.9〜8.2	小田原城下は全滅。家屋等の倒壊。死者2300人以上。
1707年	宝永地震	8.4	津波で2万人以上が死亡。富士山が噴火。
1854年	安政東海地震	8.4	死者2000〜3000人。津波による被害大。
1891年	濃尾地震	8	内陸地震として日本最大。死者7273人。
1896年	明治三陸沖地震	8.5	死者・行方不明者2万1959人。最大震度3で、遡上高38.2mの津波地震。
1923年	関東地震（関東大震災）	7.9	死者・行方不明者10万5000人以上。家屋80万戸以上に被害。
1944年	東南海地震	6.8	死者・行方不明者1223人。三重県と和歌山県で津波の被害大。
1946年	南海地震	8	中部以西の西日本に被害。死者1330人。
1948年	福井地震	7.1	死者3769人、直下型の大地震。
1978年	宮城県沖地震	7.4	死者28人。ブロック塀の新しい設計基準が決められた。
1993年	北海道南西沖地震	7.8	死者・行方不明者230人、奥尻島を中心に津波や火災の被害大。
1995年	兵庫県南部地震（阪神・淡路大震災）	7.3	死者・行方不明者6437人、家屋24万戸以上に被害。高速道路等も倒壊。
2003年	十勝沖地震	8.0	死者2人。最大震度6弱。釧路港では液状化現象が発生。
2004年	新潟県中越地震	6.8	死者68人。上越新幹線のトンネル内でコンクリートが崩落。
2011年	東北地方太平洋沖地震（東日本大震災）	9.0	死者・行方不明者約2万2000人。日本観測史上最大の規模。
2016年	熊本地震	6.5 / 7.3	死者273人。震度7が2回観測された。
2018年	北海道胆振東部地震	6.7	死者43人。北海道のほぼ全域で停電。

（気象庁HP、内閣府資料をもとに作成）

①死亡の直接的な原因は何か

２０１１年３月11日の東日本大震災による死因の９割は、津波による「溺死」でした（図7–1）。津波はひとたび発生すると甚大な被害をもたらすので、地震が発生したときは津波を意識して、迅速に避難する必要があります。１７０７年の宝永地震は、東海・東南海・南海連動型地震と考えられており、関東から九州の広い範囲を津波が襲いました。死者は２万人を超え、その多くは津波による被害でした。

１９９５年１月17日の兵庫県南部地震（阪神・淡路大震災）の死者６４３７人の８割は、建

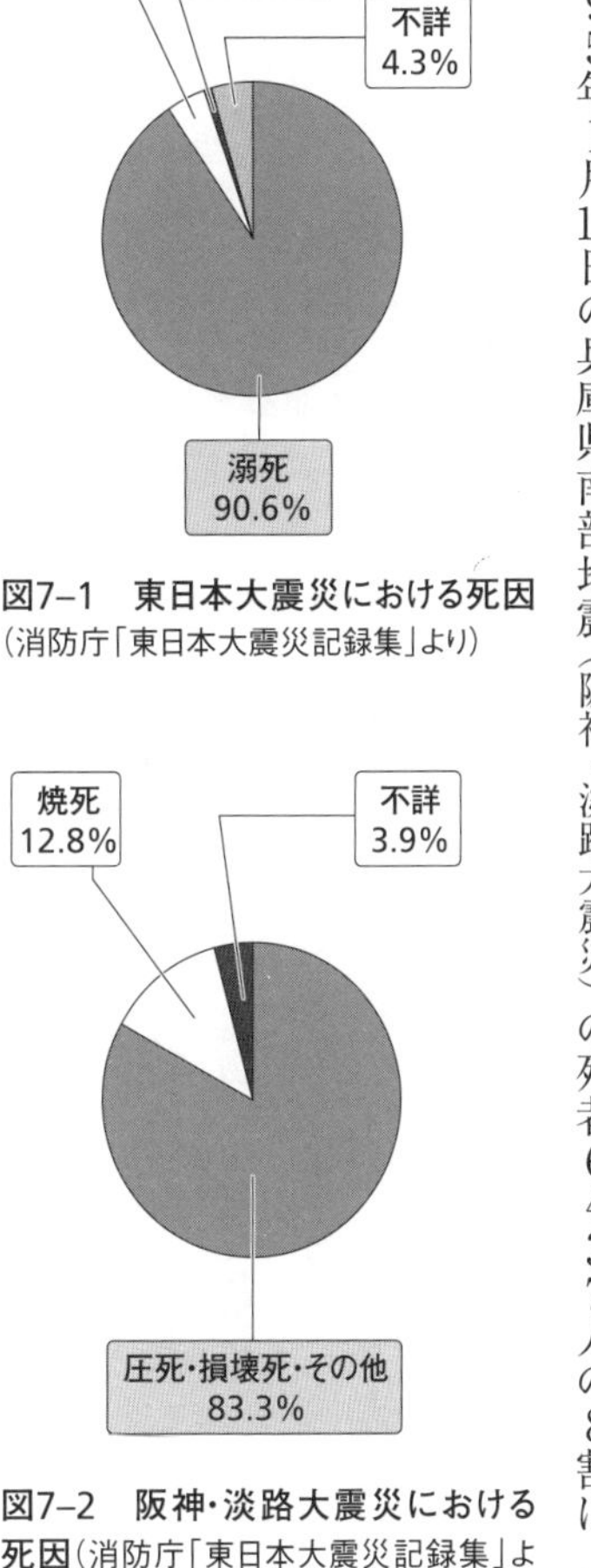

図7–1　東日本大震災における死因
（消防庁「東日本大震災記録集」より）

図7–2　阪神・淡路大震災における死因（消防庁「東日本大震災記録集」より）

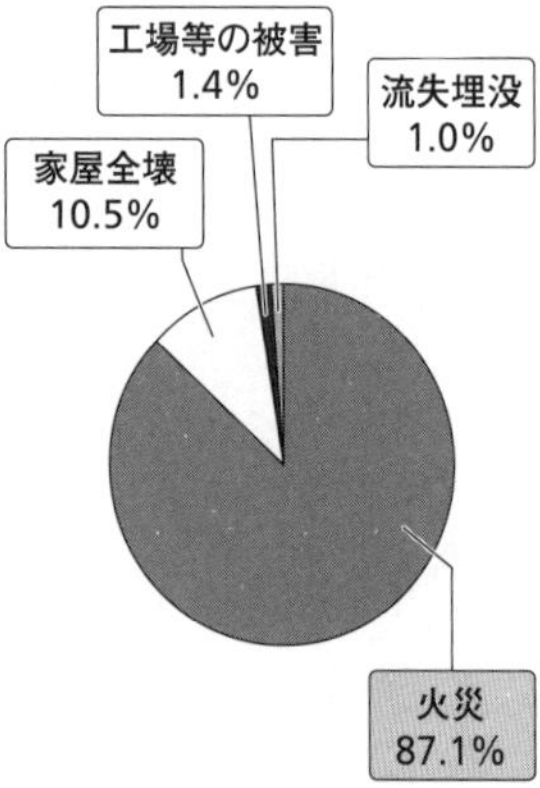

物が倒壊したことによる「圧死や損壊死」でした（図７−２）。
　地震の発生時刻は午前５時46分52秒と早朝だったため、建物の１階で就寝中に家屋の下敷きとなって即死した人が多くいました。建物が倒壊しても２階以上では生存のスペースが残りやすく、比較的多くの人が助かりました。また、死者の１割は「室内家具の転倒による圧死」だったとする調査結果もあります。

工場等の被害 1.4%
流失埋没 1.0%
家屋全壊 10.5%
火災 87.1%

図7–3　関東大震災における死因
（消防庁「東日本大震災記録集」より）

　日本の観測史上最も多い10万人を超える死者・行方不明者を出した１９２３年９月１日の関東大震災は、９割近くが火災が原因でいのちを落としています（図７−３）。
　地震の発生時刻は午前11時58分、昼食の時間帯で火が多く使われていたため、火災の発生が相次ぎました。さらに、能登半島付近を台風が東へ進んでいたため、関東地方で風が強まっていたことも、火が急速に燃え広がった原因の一つとして挙げられます。
　２０１６年４月の熊本地震による死者は２７３人、その約８割は避難生活等が原因で亡くなった「災害関連死」です。この災害関連死の要因の一つとしてエコノミークラス症候群と呼ばれる、長時間同じ姿勢でいたときに起こる疾患があります。熊本地震は二度の大きな揺れで、車での避難生活を余儀なくされた方が数多くいました。

地震による被害は、地震自体の規模だけでなく、発生した場所や時刻、気象条件にも大きく左右されます。また、地震は揺れて終わりではありません。その後に何が起きるのか、どんな危険が迫っているかを知らなくては十分な対策をとることはできません。

3 巨大地震は予知できるのか

①「余震」は終わっていない

東日本大震災から10年の節目を迎える直前、2021年2月13日に発生した福島県沖を震源とする最大震度6強（M7・3）の地震について、気象庁は東日本大震災を起こした東北地方太平洋沖地震の余震と考えられると発表しました。翌月20日には宮城県沖で最大震度5強（M6・9）の地震が発生、同じく余震とみられていますが、津波注意報が発表されて、あの日の光景が頭をよぎった方も少なくないと思います。

しかし、気象庁はその直後の4月1日、東北地方太平洋沖地震の余震域で震度5弱以上の地震が起きた場合に、今後は「余震」という表現は使わないと発表しました。余震活動は終わったわけではありません。余震域内の1年あたりの地震の発生数は、依然として震災前より多い状態が続いていますが、震災から10年が経過して余震と明確に判断するのが難しくなったことを理由に挙げています。さらに、東北地方太平洋沖地震の余震だけに注目するのではなく、日本海溝沿いの地震活動の「長期評価」で想定されているようなほかの大きな地震や津波にも目を向けて、備えを進めてほしいとしています。

②「長期評価」と「直前予知」

政府の地震調査研究推進本部（地震本部）は、地震の規模や一定期間内に地震が発生する確率を予測した「地震発生可能性の長期評価」（長期評価）を行い、今後30年以内に震度6弱以上の揺れに見舞われる確率を発表しています（表7−2）。

巨大地震が想定されている千島海溝や南海トラフ沿いの太平洋側、首都直下地震が想定されている関東で確率が高く、2020年版では根室振興局（根室市）で80％になっていま

表7–2　都道府県庁所在地の市役所及び北海道の各振興局位置における今後30年以内に震度6弱以上の揺れに見舞われる確率値の比較

都道府県県庁所在地の市役所及び北海道の各振興局位置	2018年版（%）	2020年版（%）	都道府県県庁所在地の市役所及び北海道の各振興局位置	2018年版（%）	2020年版（%）
札幌市	1.6	2.2	福井市	13	15
石狩（札幌市）	1.6	2.2	甲府市	50	36
渡島（函館市）	1.5	1.5	長野市	5.7	6.1
檜山（江差町）	1.1	1.4	岐阜市	27	27
後志（倶知安町）	5.1	6.4	静岡市	70	70
空知（岩見沢市）	10	12	名古屋市	46	46
上川（旭川市）	0.55	0.76	津市	64	64
留萌（留萌市）	1.8	2.4	大津市	11	13
宗谷（稚内市）	1.1	1.6	京都市	13	15
オホーツク（網走市）	3.7	4.1	大阪市	55	30
胆振（室蘭市）	8.5	9.1	神戸市	44	46
日高（浦河町）	70	69	奈良市	61	62
十勝（帯広市）	22	23	和歌山市	58	68
釧路（釧路市）	69	71	鳥取市（移転後位置）	5.6	9.3
根室（根室市）	78	80	松江市	3.7	4.9
青森市	5.7	5.0	岡山市	42	44
盛岡市	4.6	6.3	広島市	23	24
仙台市	6.1	7.6	山口市	5.9	6.3
秋田市	8.1	10	徳島市	73	75
山形市	3.8	4.2	高松市	63	64
福島市	7.1	9.3	松山市	45	46
水戸市	81	81	高知市	75	75
宇都宮市	14	13	福岡市	8.2	6.2
前橋市	7.2	6.4	佐賀市	8.2	9.2
さいたま市	55	60	長崎市	2.6	3.0
千葉市	85	62	熊本市	7.7	11
東京都庁	48	47	大分市	54	55
横浜市（移転後位置）	82	38	宮崎市	44	43
新潟市	13	15	鹿児島市	18	18
富山市	5.2	5.2	那覇市	20	21
金沢市	6.4	6.6			

※北海道各振興局後ろの括弧内は所在市町名。

（地震調査研究推進本部／2021年3月6日公表より）

す。相対的に確率が低い地域も油断は禁物です。そのような地域でも、１９８３年の日本海中部地震（Ｍ７・７）や２００５年の福岡県西方沖の地震（Ｍ７・０）、２００７年の能登半島地震（Ｍ６・９）のように、大きな地震が発生して被害が生じた事例があります。

「地震発生の確率が高いのはわかった。知りたいのは、いつ地震が起きるかだ」という声をよく耳にします。

しかし、地震発生の日時や場所、大きさの三つの要素を地震発生の数日前から完全に予知（直前予知）ができた例は、過去に一つもありません。

巨大地震が切迫しているとみられる南海トラフについては、24時間体制で監視が行われ、異常な現象を観測した場合などに「南海トラフ地震に関連する情報」が発表されます。ただ、前兆とみられる現象がなく、突発的に地震が発生する場合も考えられるため、現在の防災体制は「予知できない」ことが前提になっています。また、地震雲と騒がれている雲は、気象学で説明できる雲であり、地震の前兆にはなりません。

明日、日本中のどこでも巨大地震が起きる可能性があるのです。①家屋の耐震化や家具の固定、②非常食や懐中電灯などの防災グッズの常備、③避難場所や高台までの経路の確認、④家族との連絡方法の確認など、日頃からの備えがとても重要です。

4　どう行動すべきかシミュレートする

①小さな地震で避難訓練

地震が発生すると、Ｐ波（初期微動）とＳ波（主要動）の二つの地震波が発生します。Ｐ波は「伝わる速度が速い」「エネルギーが小さい（小さな揺れ）」、Ｓ波は「伝わる速度が遅い」「エネルギーが大きい（大きな揺れ）」という特徴があり、この速度の差を利用したのが緊急地震速報です。

先に到達するＰ波を地震計で捉えることで、あとから到達するＳ波による強い揺れの時間や予想震度を計算して、素早く発表されます。このようなしくみのため、震源に近い地域では緊急地震速報の発表が、Ｓ波による強い揺れに間に合わないことがあります。

地震の揺れを感じた場合や、緊急地震速報を見聞きしたときに、あなたはどのような行動をとっているでしょうか？

「その場所で、何もしないで、地震の揺れを感じていた」という方が大半ではないでしょうか。たまたま地震の揺れが小さいまま収まったため、これまでは問題がなかったかもしれません。しかし、実際に揺れが大きくなってからでは日常の行動をとることは難しく、逃げ遅れてしまう可能性が高くなります。

気象庁の震度階級の解説表によると（表7−3）、震度5強で「物につかまらないと歩くことが難しい」「固定していない家具が倒れることがある」、震度6弱で「立っていることが困難になる」「壁のタイルや窓ガラスが破損、落下することがある」、震度6強では「はわないと動くことができない」「飛ばされることがある」とあります。

地震の揺れが小さいまま収まったら、避難訓練だと思えばいいのです。小さな揺れで経験を積むことが肝心です。

②地震が起きたら、まず何をする？

「地震が発生したら机の下に入る」と子どものころから言われ続けてきたと思います。自分の「身を守る」ための最初の行動として間違ってはいませんが、状況に応じて臨機応変に対応する必要があります。

体の中で特に守るべきは頭と首筋（頸動脈）です。近くに座布団やクッションなどがあれば、頭や首筋を保護するのに使えます。寝ているときには、布団や枕で落下物に備えるこ

表7–3　震度階級(0〜7)

0

[震度0]
人は揺れを感じない。

1

[震度1]
屋内で静かにしている人の中には、揺れをわずかに感じる人がいる。

2

[震度2]
屋内で静かにしている人の大半が、揺れを感じる。

3

[震度3]
屋内にいる人のほとんどが、揺れを感じる。

4

[震度4]
- ほとんどの人が驚く。
- 電灯などのつり下げ物は大きく揺れる。
- 座りの悪い置物が、倒れることがある。

5弱

[震度5弱]
- 大半の人が、恐怖を覚え、物につかまりたいと感じる。
- 棚にある食器類や本が落ちることがある。
- 固定していない家具が移動することがあり、不安定なものは倒れることがある。

5強

[震度5強]
- 物につかまらないと歩くことが難しい。
- 棚にある食器類や本で落ちるものが多くなる。
- 固定していない家具が倒れることがある。
- 補強されていないブロック塀が崩れることがある。

6弱

[震度6弱]
- 立っていることが困難になる。
- 固定していない家具の大半が移動し、倒れるものもある。ドアが開かなくなることもある。
- 壁のタイルや窓ガラスが破損、落下することがある。
- 耐震性の低い木造建物は瓦が落下したり建物が傾いたりすることがある。倒れるものもある。

6強

[震度6強]
- はわないと動くことができない。飛ばされることもある。
- 固定していない家具のほとんどが移動し、倒れるものが多くなる。
- 耐震性の低い木造建物は傾くものや、倒れるものが多くなる。
- 大きな地割れが生じたり、大規模な地すべりや山体の崩壊が発生することがある。

7

[震度7]
- 耐震性の低い木造建物は傾くものや、倒れるものがさらに多くなる。
- 耐震性の高い木造建物でも、まれに傾くことがある。
- 耐震性の低い鉄筋コンクリート造の建物では倒れるものが多くなる。

(気象庁HPより)

とができます。また、大きな家具からは離れ、閉じ込められないようにして下さい。死亡の原因として多い「建物の倒壊」と「津波」から逃れるためには、「避難路を確保する」ことも重要です。

慌てて外に飛び出すのは危険ですが、大きな揺れがおさまったら安全を確認しながらドアを開けて、外に出るための道筋を確保して下さい。

もう一つ大切なのは「火災を防ぐ」ことです。ただし、ガスコンロやストーブには地震の揺れで自動的に止まる機能がついていることが多いため、慌てて火を消す必要はありません。もし火災が発生したとしても、出火後の1〜2分程度であれば、消火器やぬらしたシーツなどで空気を遮断すれば火を消すことができます。

地震直後は絶対に火を使ってはいけません。台風による強風や湿った雪の重みで電線が切れて停電になったときは「非常用のロウソク」が役に立ちますが、地震のときは漏れたガスに引火するおそれがあります。換気扇や電灯などのスイッチやコンセントに触れたときに引火することもありますので、窓を開けて換気をして下さい。

避難場所などに移動するときは、火の元やガスの元栓を閉じて、ブレーカーも落として下さい。阪神・淡路大震災のときは、地震から2日後、電気が復旧した直後に多数の火災が発生しました。また、避難先や家族の安否情報などを書いた張り紙を残して避難すると、連絡が付く手助けになります。

③地震は在宅時に起きるとは限らない

通勤・通学路などで地震が発生した場合にどう行動するべきかを、シミュレートしておくことが大切です。前もって安全な避難場所を知っていれば、慌てずに行動することができます。屋外には危険がたくさんありますので、無理に帰宅しないことも大切です。

免震・耐震構造の高層の建物は倒れる危険は小さいですが、全く揺れない建物ではありませんので誤解しないで下さい。震源から遠く離れていても、長周期地震動（被害地域が大規模な平野や盆地にあるときに発生する、振動が大きくゆったりとした地震動）によって大きくゆっくりとした揺れが増幅されることがあります。机やロッカーなどが凶器となって飛んでくることや、ガラスを突き破って外に投げ出されるおそれがあります。

大きな揺れがおさまったら、いつでも避難できるように階段に近い空間で安全を確保して下さい。エレベーターは余震で停止したり、落下したりする危険があるため、避難するときに使ってはいけません。

エレベーターの中で揺れを感じたら、全ての行き先階のボタンを押して下さい。停止した階で降りることができた場合は、そこからは非常階段を使って下を目指します。中に閉じ込められた場合は、非常用連絡ボタンを押して救助を待って下さい。

人が集まる場所では、最も怖いのはパニックです。揺れが収まっても慌てて出口に殺到したりせずに、係員の指示に冷静に従うことが大切です。

映画館などの柱がほとんどない空間は、天井が落ちる危険があります。揺れを感じたら座席の間にうずくまり、頭を守って下さい。デパートの売り場では、食器や電化製品が凶器となって飛んできます。棚やショーウインドウから離れて、太い柱に身を寄せて下さい。

街角では、ブロック塀や自動販売機など倒れるおそれがあるものから離れて下さい。割れたガラスや瓦が落下してくる危険もあります。カバンなど持っているもので落下物から頭を守りながら、安全な空間を探して下さい。橋や歩道橋の上では、手すりや欄干につかまって座り込み、投げ出されないようにすることが先決です。

車の運転中に地震が発生したときは、急ブレーキをかけてはいけません。周りが地震に気づいていなければ、追突事故などを引き起こすおそれがあります。ハザードランプを点滅させて、徐々にスピードを落とし、道路の左側に寄せて停車して下さい。

カーラジオで、災害や道路の情報を得ることができます。車を離れるときはドアをロックしないで、車のキーをつけたままにして下さい。消防などの緊急車両の通行の妨げになっては困るからです。余裕があれば、車検証を持って避難しましょう。

電車は緊急地震速報のしくみを利用して、大きな揺れの前に緊急停止することがあります。いつ地震が起きても大丈夫なように、立っているときは日頃から手すりや吊り革を持つことを習慣にしましょう。勝手に線路に降りるのはたいへん危険です。車内アナウンスに耳を傾け、指示に従って避難して下さい。ただし、火災が発生するなどの急を要する状況になった場合は、周りと協力し合って避難するべきです。

海岸にいるときに強い揺れや弱くてもゆっくりとした揺れを感じたら、津波警報の発表を待たずに、ただちに高台に避難して下さい。震源が陸地に近いと、津波警報が津波の襲来に間に合わないことがあります。

地震の揺れを感じていなくても、津波警報が発表されたら、ただちに高台に避難して下さい。地震の揺れが小さくても津波が発生することがありますし、遠く離れた海外から日本に津波がやってくることがあります。

2020年の夏より、赤と白の格子模様の旗を「津波フラッグ」（図7―4）として、全国

図7–4　津波フラッグ

の海水浴場や海岸付近で導入する取り組みが始まりました。「津波フラッグ」によって、聴覚に障害のある方や、波音や風で音が聞き取りにくい遊泳中の方なども津波警報等の発表を知ることができます。

海岸に来たら津波避難場所や津波避難ビル（図7−5）、ラジオや防災行政無線などの情報の入手先を確認しておきましょう。

④ **津波警報と取るべき行動**

津波による災害の発生が予想される場合には、地震発生後約3分を目標に大津波警報、津波警報または津波注意報が発表されます。２０１１年3月11日、東日本大震災が発生した日、気象庁では地震発生から2分半までの地震のデータからマグニチュードを7・9と計算し、この値をもとに3分後に大津波警報を発表しました。その1分後に発表された予想される津波の高さは、宮城県で6ｍ、岩手県と福島県で3ｍでした。しかし、津波警報の発表後も地震は続いて、最終的にマグニチュードは9・0に改められ、気象庁は津波の状況を確認しながら津波の予想を二度にわたって引き上げました。

津波注意（津波危険地帯）

津波避難場所

津波避難ビル

図7–5　津波に関する標識

巨大地震は3分以上続くことが多く、正確な規模はすぐには計算できません。津波警報の津波の高さがあとから引き上げられる可能性があることは、知らない人がほとんどでした。津波の高さが3ｍと聞いて、防波堤を越えないと思った住民の避難が遅れたり、更新された津波警報が伝わらなかったなどの問題が発生しました。

これらの経験を踏まえて、2013年3月に津波警報が大幅に改定されています（表7–4）。

予想される津波の高さは、通常は5段階の数値で発表されます。ただし、マグニチュード8を超える巨大地震の場合は、精度のよい地震の規模をすぐに把握することができないため、その海域における最大の津波を想定して津波警報・注意報が発表されます。その場合、最初に発表する大津波警報や津波警報では、予想される津波の高さを「巨大」や「高い」という言葉で発表して、非常事態であることを伝えます。

表7–4　津波警報・注意報の種類

<table>
<tr><th rowspan="2"></th><th colspan="2">予想される波の高さ</th><th rowspan="2">とるべき行動</th><th rowspan="2">想定される被害</th></tr>
<tr><th>数値での発表
（発表基準）</th><th>巨大地震の
場合の表現</th></tr>
<tr><td rowspan="3">大津波警報</td><td>10m超
（10m＜）</td><td rowspan="3">巨大</td><td rowspan="4">沿岸部や川沿いにいる人は、ただちに高台や避難ビルなど安全な場所へ避難。
津波は繰り返し襲ってくるので、津波警報が解除されるまで安全な場所から離れない。
ここなら安心と思わず、より高い場所を目指して避難する。</td><td rowspan="3">木造家屋が全壊・流出し、人は津波による流れに巻き込まれる。</td></tr>
<tr><td>10m
（5～10m）</td></tr>
<tr><td>5m
（3～5m）</td></tr>
<tr><td>津波警報</td><td>3m
（1～3m）</td><td>高い</td><td>標高の低いところでは津波が襲い、浸水被害が発生する。
人は津波による流れに巻き込まれる。</td></tr>
<tr><td>津波注意報</td><td>1m
（20cm～1m）</td><td>表記しない</td><td>海の中にいる人は、ただちに海から上がって、海岸から離れる。
津波注意報が解除されるまで海に入ったり海岸に近づいたりしない。</td><td>海の中では人は速い流れに巻き込まれる。
養殖いかだが流出し、小型船舶が転覆する。</td></tr>
</table>

（気象庁HPより）

津波の高さを「巨大」と予想する大津波警報が発表された場合は、東日本大震災のような巨大な津波が襲うおそれがあります。直ちにできる限りの避難をしましょう。「高い」と予想する津波警報が発表された場合も、ここなら安心と思わず、より高い場所を目指して下さい。津波注意報が発表された場合は、ただちに海から上がって、海岸から離れる必要があります。

大津波警報や津波警報が発表されているときには、観測された津波の高さを知って、これが最大だと誤解しないように、津波の高さを数値で表さずに「観測中」とする場合があります。津波は何度も繰り返し襲ってきて、あとから来る津波のほうが高くなることがあるためです。津波警報・注意報が解除されるまでは、海岸に近づいてはいけません。

⑤津波は、誤った知識や俗説が命取り

予想や観測で発表される「津波の高さ」は、津波がない場合の海面からの高さであり、海岸線での値です。津波が陸上でがけなどを駆け上がる高さは「遡上高（そじょうこう）」と呼ばれ、津波の高さの4倍ほどに達した例があります（図7−6）。

また、予想される津波の高さは平均的な値であり、岸や海底地形などの影響で局所的に

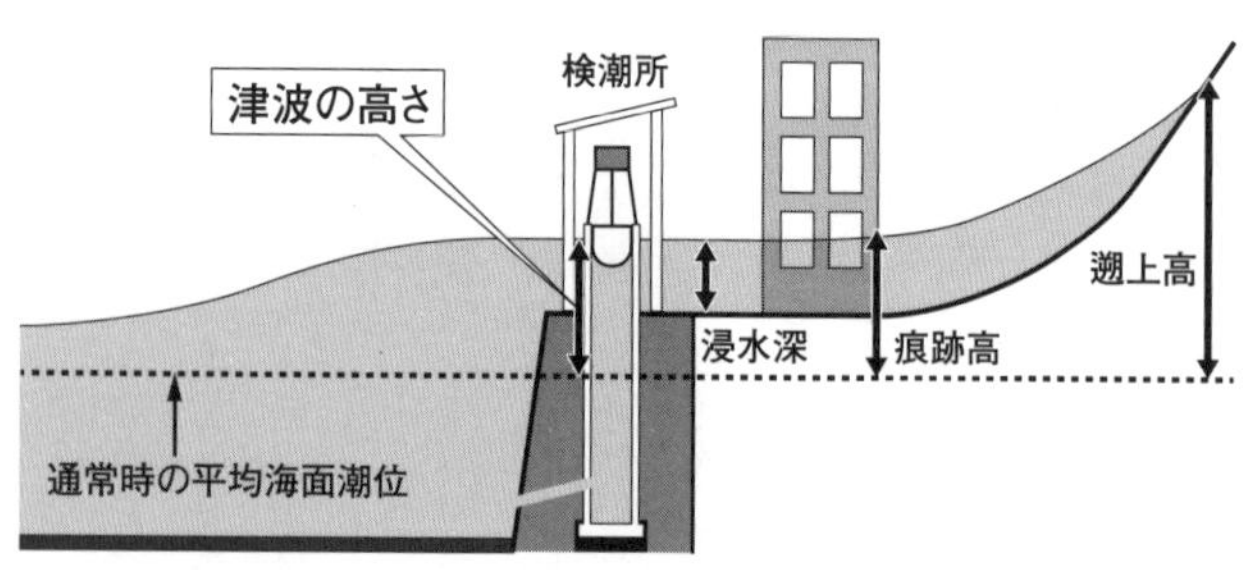

図7–6　検潮所における津波の高さと浸水深

高くなります。特に三陸のようなリアス式海岸や、沖合まで遠浅の海底地形の場合に、津波が高くなることが知られています。

引き波から始まる津波は、5割程度です。また、津波の速度は海岸付近でオリンピックの短距離走選手（秒速10ｍ）ほどあります。津波が見えてから避難を始めても間に合いませんので、海を観察せずにすぐに避難を始めて下さい。

普通の波と比べて、津波のエネルギーは桁違いな大きさです。普通の波は海の表面近くの海水が動くだけですが、津波は何千ｍもの深い海底までの海水全てが動いて伝わってきます（図7–7）。また、津波は波長がとても長く、数kmから数十km以上に達することがあります。津波は大量の海水によって、すさまじい破壊力を持ち、数分から数十分もかけて陸上に流れ込み続けることになります。

津波の高さは、地震の揺れの大きさに比例しません。震

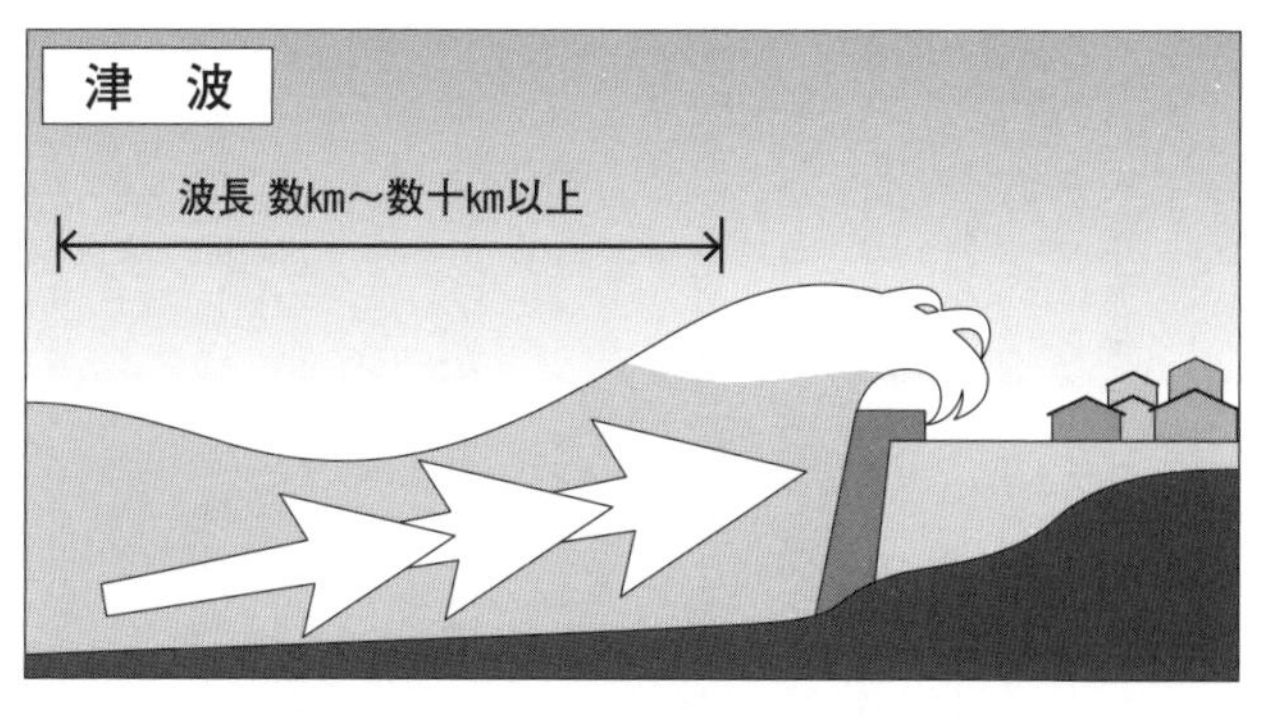

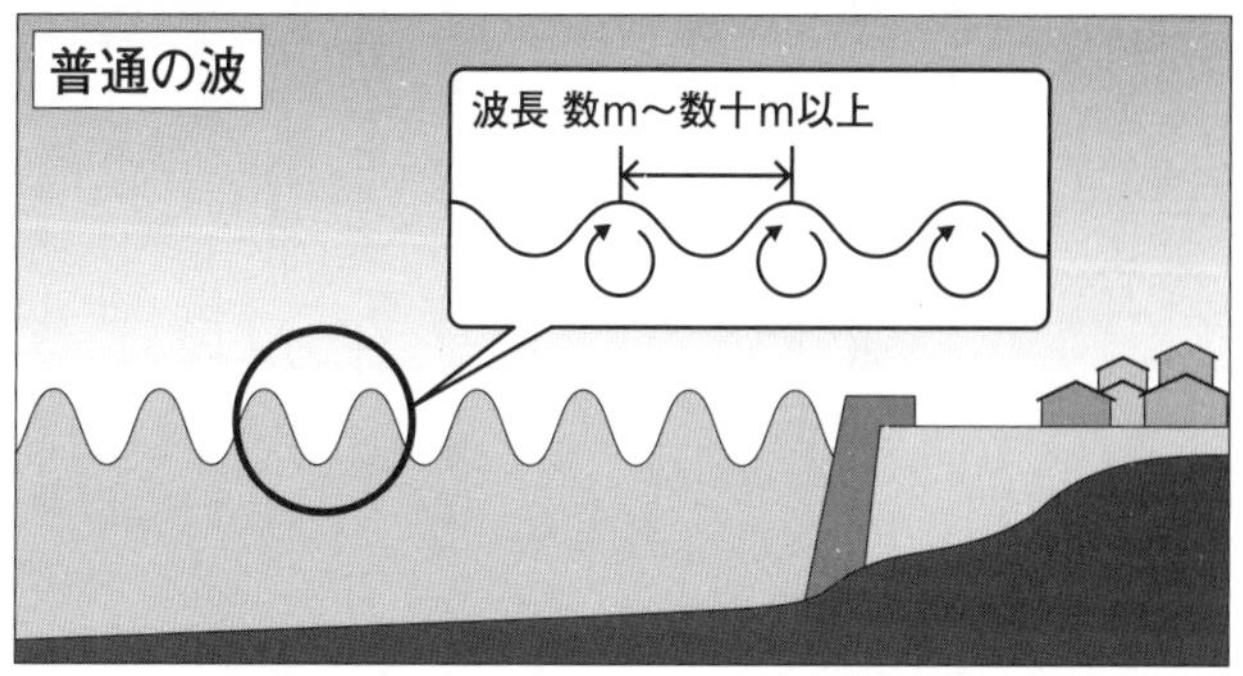

図7–7　津波の普通の波の違い

源域の岩盤が動いた方向や深さなどが影響します。明治三陸沖地震（1896年）のときの各地の震度は2～3程度でしたが、津波の遡上高は38・2mに達しました。

地震は同じ場所で繰り返し発生し、同じ場所で津波も発生しています。しかし、その地震の大きさや津波の高さは数十年や数百年といった周期で違います。過去の一つの例だけを教訓にするのではなく、常に最悪を考えて行動することが大切です。

津波の危険があるときは、ここなら安心と思わずに、より高い場所を目指して避難して下さい。

⑥安全な場所と避難するときの注意点

避難できる安全な場所として、各自治体はそれぞれの区域で避難場所を指定しています。家族全員で確認し、家からの道のりを実際に歩いておくことが大切です。

「一時避難（集合）場所」……安全を確保するために一時的に避難する場所。近くの公園や空き地など。

「広域避難場所」（図7―8）……火災など広域で大きな被害が予想されるときに避難する場所。大きな公園や緑地など。

「避難所」……家の倒壊などによって自宅で生活ができなくなった場合に一時的に生活する場所。学校や公民館など。

また、日本国内の31m以上の高さのビルは、規定に準じた耐震・免震構造を備えています。都市部で地震が起こったときは、高層ビルの低層階は一時的に逃げ込む場所としても適しています。

以上の避難するときの注意点をまとめると、**表7－5**のようになります。

図7–8　広域避難場所のマーク

⑦通信・連絡手段を家族と話し合う

大きな災害が発生したときは、家が近くて徒歩や自転車で帰宅できる人を除いては、社会の混乱が収まり、安全が確認されるまでは、無理に帰宅をしないで下さい。

災害時には携帯電話やスマートフォンなどの通信手段がつながりにくくなりますが、帰宅を焦る人の多くは、家族と連絡がとれない人です。災害時における家族の安否確認の方法を、事前に打ち合わせしておくことが大切です。

表7–5　避難するときの注意点

- ガスの元栓を締めて、電気のブレーカーを落とす。
- 必ず徒歩で避難する。車を使わない。
- 荷物は必要最少限に。あとから取りに戻ればいい。
- ヘルメットや帽子をかぶって、頭を守る。
- 自宅前には、安否情報と避難先（連絡先）を表示する。
- 隣近所に声をかけて一緒に避難する。寝たきりのお年寄り、体の不自由な人がいるかもしれない（地域の人と日頃から接しておくよう心がける）。

「災害用伝言ダイヤル　171（イナイ）」……電話で録音した内容を、ほかの地域で聞くことができるサービスです。

「171」をダイヤルし、録音の場合は「1」を、再生の場合は「2」を押します。ガイダンスに沿って、自宅の電話番号を入力すると、声を録音したり再生することができます。家族で通報の訓練をしておきましょう。

「三角連絡法」……災害が起きた際に連絡する「離れた地域の親戚や知人」を家族で決めておき、そこを連絡や安否確認の中継基地として利用する方法です。

「ソーシャルメディア」……災害時には電話回線が緊急用に確保されるため、電話はつながりにくくなります。しかし、インターネットは比較的つながりやすいため、東日本大震災ではTwitterやFacebook（フェイスブック）などのソーシャルメディアが安否の確認に役立ちました。

⑧家具の転倒落下防止と備蓄品

寝室には転倒しそうな背の高い家具は置くべきではありません。どうしても置く場合は、L字金具などで壁に固定するか、天井との間に家具固定棒を入れるなどの対策が必要です。

本棚や食器棚には飛び出し防止の措置をして、重い物を下に、軽い物を上に置いて重心を低くするよう心がけて下さい。ガラス飛散防止フィルムは、窓ガラスや食器棚などに貼るだけで破片の飛散を防ぐことができるため便利です。

防災グッズは、避難するときに持ち出す「非常持出品」、いったん落ち着いてから取りに帰る「非常備蓄品」の二つに分けて考えるべきです。

また、食料品や飲料水などが必要になるのは、無事に避難してからのことです。それ以前に、まずいのちに関わる事態にどう備えるのか、という視点を忘れてはいけません。

寝ているときに発生する地震に備えて、「懐中電灯」や割れたガラスから足を守る「スリッパ」は寝室に置いておくべきです。建物の下敷きになったときなどに居場所を知らせるには、簡単に大きな音が出る「笛」が役立ちます。

また、物干し竿と毛布で担架の代用をするなど、災害時にはあるもので工夫をすることが大切です。食品ラップを食器に敷くと、それを捨てるだけで食器を何度でも使えます。食品ラップは包帯の代わりにも使え、体に巻けば保温性も高いため、あると便利です。

次ページにあるリストは、多くの人にとって必要と思われるものであり、家族の構成や地域特性によって変わってきます。例えば、赤ちゃんの粉ミルクや防寒用品など、それぞれの事情に合わせて追加して下さい。

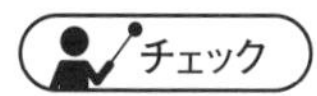

防災グッズ「非常持出品」「非常備蓄品」

非常持出品

貴重品	現金、預貯金通帳(キャッシュカード)、印鑑、免許証、権利証書、健康保険証
非常食品など	カンパン、缶詰、栄養補助食品(そのまま食べられるもの)、ミネラルウォーター、水筒、プラスチックか紙製の皿、コップ、割り箸、缶切り、栓抜き、乳幼児・高齢者・病人向けの食品
応急医薬品	バンソウコウ、包帯、消毒薬、傷薬、胃腸薬、鎮痛剤、解熱剤、目薬、常備薬
生活用品	携帯トイレ、衣類(下着、上着、靴下など)、スリッパ、タオル、ティッシュペーパー、ウェットティッシュ、マスク、軍手、雨具、ライター、ビニール袋、生理用品、紙おむつ
その他	携帯電話(充電器)、緊急連絡先、懐中電灯(一人1本)、予備の電池、携帯ラジオ、笛
[追加]	

非常備蓄品

非常食品	飲料水(一人1日3リットル)、カンパン、缶詰やレトルトのごはん・おかず、アルファ米、栄養補助食品、ドライフード、インスタント食品、梅干、調味料、菓子類(チョコレート、飴など)
燃料	卓上コンロ、携帯コンロ、固形燃料、予備のガスボンベ
生活用品	毛布、寝具、洗面用具、ビニール袋、ビニールシート、使い捨てカイロ、ドライシャンプー、トイレットペーパー、鍋、やかん、ポリ容器、バケツ、折りたたみナイフ、ろうそく、ガムテープ、さらし、自転車、新聞紙、食品ラップ
生活用水	風呂、洗濯機などへの水の汲み置き
その他	軍手、厚手の靴下、長靴、ロープ、バール・ジャッキ・のこぎりなどの工具、消火器など
[追加]	

第8章 「火山」の噴火予知はどこまで可能か

1　噴火予知はどこまで可能になったのか

２０１４年9月27日11時52分、長野県と岐阜県の県境にある「御嶽山」で噴火が発生したことは覚えている方が多いと思います。死者58人、行方不明者５人で戦後最悪の火山災害となりました。紅葉が見ごろの土曜日で天気は晴れ、昼食をとるために山頂付近に多くの登山者が集まっている時間帯に噴火が発生したことで、被害が大きくなりました。噴火当時、気象庁による噴火警戒レベルは最も低い「1」であり、噴火予知の難しさが改めて浮き彫りになりました。

18世紀以降、日本で10人以上の死者を出した火山災害は**表8−1**の通りです。数十年に一度は大きな災害が起こっていることがわかります。

気象庁は、火山が噴火したことを端的にいち早く伝え、いのちを守るための行動が取れるよう、２０１５年から「噴火速報」の発表を開始するなど、監視体制の強化が進められています。

事前の噴火予知が上手くいった例もあります。２０００年の北海道「有珠山」の噴火で

表8-1　18世紀以降に、日本で10人以上の死者を出した火山災害

噴火年月日	火山名	犠牲者（人）	備考
1721（享保6）年 6月22日	浅間山	15	噴石による
1741（寛保元）年 8月18日	渡島大島	1,467	岩屑なだれ・津波による
1764（明和元）年 7月	恵山	多数	噴気による
1779（安永8）年 11月8	桜島	150余	噴石・溶岩流などによる 「安永大噴火」
1781（天明元）年 4月11日	桜島	8、不明7	高免沖の島で噴火、津波による
1783（天明3）年 8月5日	浅間山	1,151	火砕流、土石なだれ、 吾妻川・利根川の洪水による
1785（天明5）年 4月18日	青ヶ島	130～140	当時の島民は327人、 以後50余年無人島となる
1792（寛政4）年 5月21日	雲仙岳	約15,000	山体崩壊と津波による 「島原大変肥後迷惑」
1822（文政5）年 3月23日	有珠山	103	火砕流による
1841（天保12）年 5月23日	口永良部島	多数	噴火による、村落焼亡
1856（安政3）年 9月25日	北海道駒ヶ岳	19～27	噴石、火砕流による
1888（明治21）年 7月15日	磐梯山	461（477とも）	岩屑なだれにより村落埋没
1900（明治33）年 7月17日	安達太良山	72	火口の硫黄採掘所全壊
1902（明治35）年 8月7～9日のいつか	伊豆鳥島	125	全島民が死亡
1914（大正3）年 1月12日	桜島	58～59	溶岩流、地震などによる 「大正大噴火」
1926（大正15）年 5月24日	十勝岳	144（不明含む）	融雪型火山泥流による 「大正泥流」
1940（昭和15）年 7月12日	三宅島	11	火山弾・溶岩流などによる
1952（昭和27）年 9月17日	ベヨネース列岩	31	海底噴火（明神礁）、観測船 第5海洋丸遭難で全員殉職
1958（昭和33）年 6月24日	阿蘇山	12	噴石による
1991（平成3）年 6月3日	雲仙岳	43（不明含む）	火砕流による 「平成3年（1991年）雲仙岳噴火」
2014(平成26)年 9月27日	御嶽山	63（不明含む）	噴石等による

（気象庁HPをもとに作成）

す。3月27日から火山直下の地震が急に増え始め、29日に気象庁が「数日以内に噴火の可能性が高い」という内容の緊急火山情報を発表しました。2日後の31日午後1時7分ごろ、最初の噴火が発生しましたが、住民は避難を完了していたため、一人の犠牲者も出ませんでした。

噴火が起こる前には、マグマや水蒸気が地表近くまで上がってくるため、普段は見られない様々な現象が起こる場合があります。

マグマが岩石を割りながらゆっくりと上昇し、火山性地震が発生します。この地震の起きる場所がだんだん浅くなれば、噴火が近いと判断されます。また、火口付近が盛り上がるなどの地殻変動が起き、マグマの移動で重力が変化します。地中の温度が変化することで、岩盤の電気抵抗が変化し、噴出する火山ガスの成分が変化することもあります。

気象庁は、火山災害を軽減するため、全国111の活火山を対象にして「噴火警報」を発表しています。特に、火山噴火予知連絡会によって選定された「火山防災のために監視・観測体制の充実等が必要な50火山」については、24時間体制で常時観測・監視が続けられています（図8－1）。

自分が住んでいる地域のそばに、噴火の可能性がある活火山があることに驚いた方がい

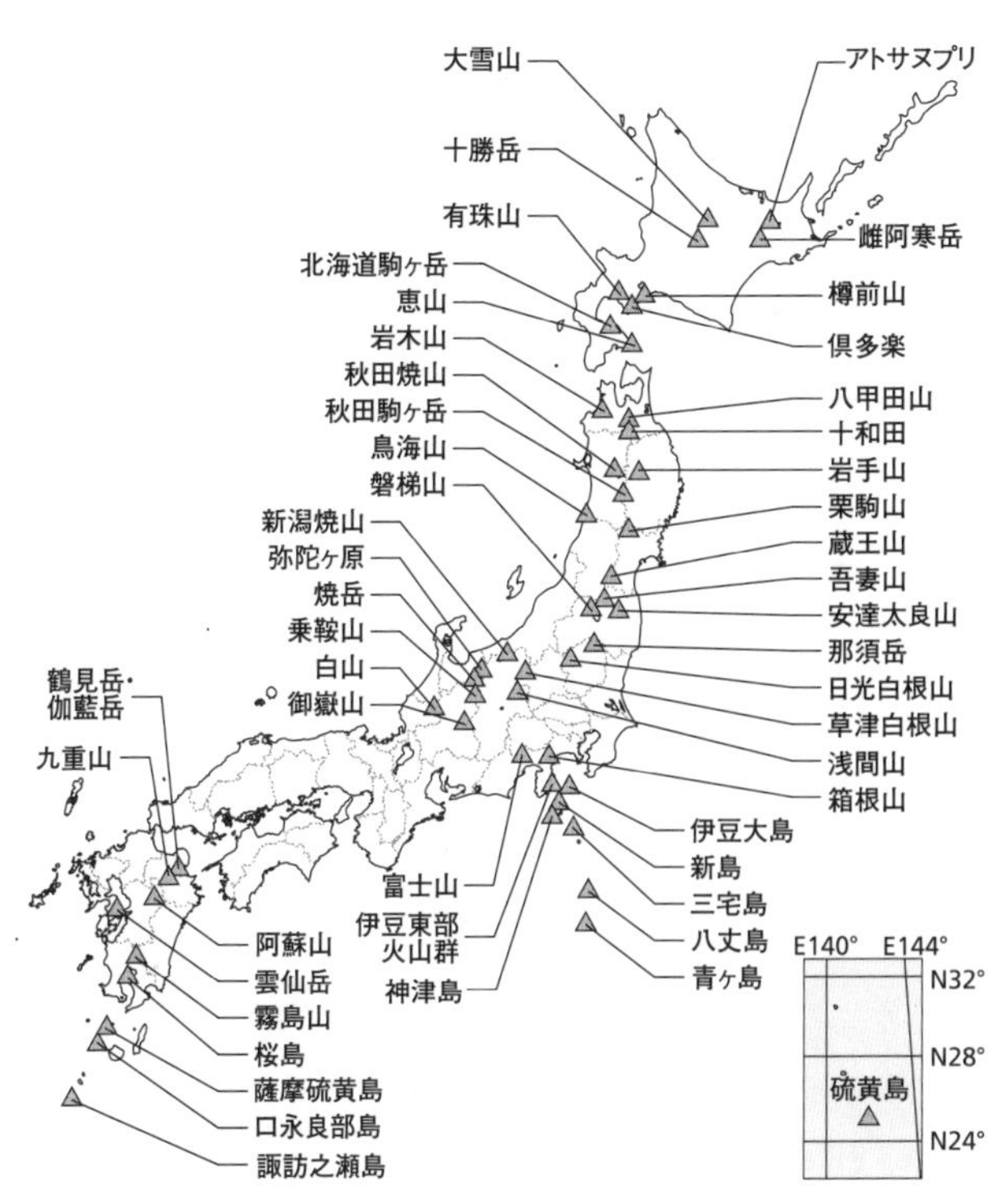

図8–1　火山活動を24時間体制で監視している50火山（常時観測火山）
（気象庁HPより）

るかもしれません。

鹿児島県の「桜島」のように、たえず噴火を繰り返している地域は防災対策が進んでいますが、そのほかの地域は、噴火自体が数十年から数千年の間隔をおいて火山ごとにまちまちに発生するため、防災対応のイメージを持つことが難しいのが現状だと思います。

熊本県で育った私は阿蘇山によく行きましたが、火山地帯は温泉の恵みもあり、観光地であることが多いです。活火山の近くに住んでいる方はもちろんですが、活火山の近くに旅行をする場合にも、その火山の活動状況を事前に調べることをお勧めします。

図8-1の常時観測火山から、十和田、硫黄島を除いた、「噴火警戒レベルが導入されている48火山」（2021年3月現在）については、気象庁のウェブサイトに火山別に解説したリーフレットが公開されています。

2 噴火による災害

噴火の様子は、マグマの成分によって変わります。

マグマの粘性が小さく（流れやすい）、水や二酸化炭素などのガスが多い場合は、溶岩が高く噴出する噴火となります。逆に、マグマの粘性が大きく（流れにくい）、ガスが少ない場合は、溶岩が流出することなく火口付近に盛り上がって溶岩ドームを作ります。また、噴火が長く続く場合は、同じ火山でもマグマの成分が変化し、噴火の様子が変わることがあります。

火山現象の種類には、「大きな噴石」「火砕流（かさいりゅう）」「融雪型火山泥流（でいりゅう）」「火山灰」「溶岩流」「火山ガス」「空振（くうしん）」「山体崩壊」などがあります。特に、「大きな噴石」「火砕流」「融雪型火山泥流」は、発生から短時間で火口周辺や居住地域に到達し、避難までの時間的猶予がほとんどありません。発生を確認してから避難するのでは間に合わないため、噴火警報によって事前の避難や入山規制が呼びかけられます。

①大きな噴石

爆発的な噴火によって、吹き飛ばされた岩石などが落下してくる現象です。概ね20～30㎝以上の大きな噴石は風の影響を受けずに、火口から四方に飛んで短時間で落下します。建物の屋根を打ち破るほどの破壊力を持っています。

1974年7月28日、新潟県「新潟焼山（やけやま）」で噴火が発生した際に、キャンプ中だった3人の登山客が噴石の直撃を受けて死亡しました。

②火砕流

高温の火砕物（火山灰、軽石など）と高温のガスが、一体となって猛スピードで山腹を駆け下る現象です。温度は数百℃、最大時速は100km以上にも達し、その通過域では焼失・破壊など壊滅的な被害が発生します。

1991年6月3日、長崎県「雲仙岳」山頂付近にあった溶岩ドームの一部が崩壊して、火砕流が発生し、島原市上木場（かみこば）地区で取材していた報道陣など、43人が犠牲になりました。

③融雪型火山泥流

噴火に伴う火砕流などによって積雪が融け、大量の水と土砂が一体となって高速で流れ下る現象です。時速60kmを超えることもあり、積雪の状況によっては谷筋や沢沿いをはるか遠くまで一気に流下し、通過域では壊滅的な被害が発生します。

1926年5月24日、北海道「十勝岳」の噴火で残雪が融け、泥流が流れ込んだ麓（ふもと）の村で１４４人が犠牲になりました。

④火山灰

噴出した小さな固形物のうち直径２㎜未満のものを「火山灰」といいます。火山灰は風で遠くまで運ばれるため、広い範囲で農作物の被害や水質汚濁、航空機のエンジントラブルなどの影響を及ぼすことがあります。また、火山灰には冷えて固まったガラスも含まれています。吸い込むとのどや気管支を傷つけ、目に入ると網膜を傷つける危険性があります。

降り積もる火山灰の量が１〜２㎜程度でも、視界不良によって車はノロノロ運転（１９７４年、新潟県「新潟焼山」）、空港が７日間閉鎖（２００２年、エクアドル「レベンタドール火山」）、湿った火山灰の付着により配電線がショートして停電（１９９０年、熊本県「阿蘇山」）などの影響がありました。

１７０７年、宝永（ほうえい）地震（推定Ｍ８・４）の49日後に発生した富士山の宝永噴火では、約１００㎞離れた江戸でも２〜５㎝の火山灰が積もったといわれており、同様の噴火が起きた場合の影響は計り知れません。

⑤火山ガス

マグマに溶けていた水蒸気や二酸化炭素、二酸化硫黄、硫化水素などの成分が、火山ガスとして放出されます。群馬県「草津白根山（くさつしらねさん）」や福島県「安達太良山（あだたらやま）」などでは、滞留していた硫化水素を吸って死者が出ています。

２０００年に始まった伊豆諸島の三宅島の噴火では、二酸化硫黄が大量に放出され続けたため、全島民のおよそ４０００人が島外へ避難し、４年５か月にわたって島に戻ることはできませんでした。

⑥溶岩流

噴出したマグマが火山の斜面を流れ下る現象です。流れる速度は粘性によって違いますが、山麓ではそれほど速くなく、人が走って逃げられる程度です。

１９８３年10月３日、三宅島の噴火では、山腹から溶岩が流れ出して集落が一つ埋まりましたが、全員避難したあとでした。１９８６年11月21日、伊豆大島で溶岩の噴泉が列をなす割れ目噴火が発生し、全島民のおよそ１万１０００人が島外に避難しました。

⑦空振

火山が爆発的な噴火をしたときに、急激な気圧変化によって空気の振動が発生し、衝撃波となって伝わる現象です。

2011年2月1日、鹿児島と宮崎県の県境にある「霧島連山」の新燃岳（しんもえだけ）での爆発的な噴火のときは、霧島温泉で100戸余りの建物の窓ガラスなどが割れる被害がありました。

⑧山体崩壊

火山の爆発や地震によって発生する大規模な山崩れを「山体崩壊」、そして山体崩壊によって崩れ落ちた大量の土砂が流れ下る現象を「岩屑雪崩（がんせつなだれ）」といいます。

1792年5月21日、長崎県「雲仙岳」の眉山（まゆやま）が崩壊して、大量の土砂が島原の町を埋めましたが、さらに有明海に流れ込んで、大津波を引き起こしました。この山体崩壊と津波によって、島原と対岸の肥後（現在の熊本県）では合わせておよそ1万5000人の犠牲者が出ました。「島原大変肥後迷惑（しまばらたいへんひごめいわく）」と呼ばれていて、火山災害としては日本史上最多の死者数です（表8－1参照）。

3　噴火対策は情報の入手が鍵

①火山ハザードマップ（火山防災マップ）

活火山を抱える地方自治体では、それぞれ独自のハザードマップを作成しているところが多く、市役所や町村役場などで入手することができます。

ハザードマップには、過去の噴火の事例をもとに、噴火したときの火砕流や溶岩流、噴石や降灰などの予想危険エリアが地図上に示されています。これにより、自分の家や職場でどんな被害が想定されるのかを事前に知ることができます。また、危険度の少ない避難経路や居住地域ごとの避難場所など、具体的な防災対応まで記されているものもあります。

２０００年の有珠山の噴火では、ハザードマップが有効に機能したため、1万人が約8時間で避難できたといわれています。

いつ（避難時期）、どこから誰が（避難対象地域）、どこへ（避難先）、どのように避難するのか（避難経路）という具体的な避難計画が必要であり、住民の一人一人が事前に知っておく必要があります。

②噴火警報と噴火警戒レベル

気象庁は、生命に危険を及ぼす火山現象（大きな噴石、火砕流、融雪型火山泥流など）の発生やその拡大が予想される場合に「警戒が必要な範囲」を示して噴火警報を発表しています。噴火の予測で重要なのは、噴火が最初に発生する時期だけではありません。

実際の火山災害では、前の項で記した「噴石」や「火砕流」などの複数の火山現象が、段階を追って範囲を拡大しながら襲いかかってきます。災害から身を守るためには、噴火の推移を把握し、噴火によって影響の及ぶ範囲の予測を適宜確認する必要があります。

198ページで述べたように、2021年3月現在、48の活火山に噴火警戒レベルが提供されています。

噴火警戒レベルとは、噴火時などに危険な範囲や必要な防災対応策を、レベル1～5の5段階に区分したものです。各レベルは、火山の周辺住人、観光客、登山者などのとるべき防災行動が一目でわかるように「避難」「避難準備」「入山規制」「火口周辺規制」「活火山であることに留意」の5つのキーワードで示されます（表8-2）。

「警戒が必要な範囲」が居住地域まで及ぶレベル5「避難」及びレベル4「避難準備」に

表8-2　噴火警戒レベル

<table>
<tr><th colspan="2">種別</th><th colspan="2">特別警報</th><th colspan="2">警報</th><th>予報</th></tr>
<tr><td colspan="2">警報・予報</td><td colspan="2">噴火警報
（居住地域）
略称 噴火警報</td><td colspan="2">噴火警報
（火口周辺）
略称 火口周辺警報</td><td>噴火予報</td></tr>
<tr><td colspan="2">対象範囲</td><td colspan="2">居住地域
及び
それより火口側</td><td>火口から
居住地域
近くまで</td><td>火口周辺</td><td>火口内等</td></tr>
<tr><td colspan="2" rowspan="2">レベルとキーワード</td><td>レベル5</td><td>レベル4</td><td>レベル3</td><td>レベル2</td><td>レベル1</td></tr>
<tr><td>避難</td><td>避難準備</td><td>入山規制</td><td>火口周辺
規制</td><td>活火山で
あることに
留意</td></tr>
<tr><td rowspan="3">説明</td><td>火山活動の状況</td><td>居住地域に重大な被害を及ぼす噴火が発生、あるいは切迫している状態にある。</td><td>居住地域に重大な被害を及ぼす噴火が発生すると予想される（可能性が高まってきている）。</td><td>居住地域の近くまで重大な影響を及ぼす（この範囲に入った場合には生命に危険が及ぶ）噴火が発生、あるいは発生すると予想される。</td><td>火口周辺に影響を及ぼす（この範囲に入った場合には生命に危険が及ぶ）噴火が発生、あるいは発生すると予想される。</td><td>火山活動は静穏。火山活動の状態によって、火口内で火山灰の噴出等が見られる（この範囲に入った場合には生命に危険が及ぶ）。</td></tr>
<tr><td>住民等の行動</td><td>危険な居住地域からの避難等が必要（状況に応じて対象地域や方法等を判断）。</td><td>警戒が必要な居住地域での避難の準備、要援護者の避難等が必要（状況に応じて対象地域を判断）。</td><td>通常の生活（今後の火山活動の推移に注意。入山規制）。状況に応じて要配慮者の避難準備等。</td><td colspan="2">通常の生活</td></tr>
<tr><td>登山者・入山者への対応</td><td colspan="2"></td><td>登山禁止・入山規制等、危険な地域への立入規制等（状況に応じて規制範囲を判断）。</td><td>火口周辺への立入規制等（状況に応じて火口周辺の規制範囲を判断）。</td><td>特になし（状況に応じて火口内への立入規制等）。</td></tr>
</table>

（気象庁HPより）

ついては、特別警報として「噴火警報（居住地域）」が発表されます。一方、警戒が必要な地域が火口周辺に限られるレベル3「入山規制」及びレベル2「火口周辺規制」については、「噴火警報（火口周辺）」として発表されます。

この噴火警戒レベルは、各自治体と気象庁、火山専門家等が十分に協議（火山防災協議会）をして作られているため、気象庁が噴火警戒レベルを更新した際には、そのレベルに応じて自治体は速やかに入山規制や避難指示を出すことができるのです。

③噴火速報

登山者や周辺の住民に対して、噴火が発生した事実を速やかに伝える「噴火速報」は、火山名と噴火した時間のみの情報です。

噴火速報は、常時観測火山で「噴火が発生」した場合や、噴火警報が発表されている火山で「噴火警戒レベルの引上げ」や「警戒が必要な範囲の拡大」を検討する規模の噴火が発生した場合など、噴火の発生を速やかに伝える必要がある場合に発表されます。

表8–3　降灰予報の種類および内容

種類	解説	予報内容	予報期間
降灰予報（定時）	噴火発生の有無にかかわらず定期的に発表する予報	降灰範囲 小さな噴石	噴火警報発表後18時間（3時間毎）
降灰予報（速報）	噴火後、速やかに（5〜10分程度で）発表する予報	降灰量 小さな噴石	噴火発生後1時間
降灰予報（詳細）	噴火後、20〜30分程度で発表する詳細な予報	降灰量 降灰開始時刻	噴火発生後6時間（1時間毎）

（『気象庁ガイドブック2020』より）

④降灰予報

気象庁の「降灰予報」は2015年から量の予想が加わりました。噴火後に、どこに、どれだけの量の火山灰が降るかについて、詳細な情報が予測されています。「降灰量」と「風に流されて降る小さな噴石の落下範囲」を予測して、「降灰予報（定時）」「降灰予報（速報）」「降灰予報（詳細）」の3種類の情報が発表されています（表8–3）。降灰量は、降灰の厚さによって「多量」「やや多量」「少量」の3階級で表現され、降灰の影響と取るべき行動がわかるようになっています（表8–4）。

⑤火山ガス予報

気象庁は、居住地域に長期間影響するような多量の火山ガスの放出がある場合には、「火山ガス予報」を発表し、火山ガスの濃度が高まる可能性のある地域を知らせていま

表8–4　降灰予報で用いる降灰量階級表

名称	厚さとキーワード	路面や視界のイメージ	とるべき行動
多量	1mm以上 【外出を控える】	路面が完全に火山灰で覆われ、視界不良となる	外出を控える 運転を控える
やや多量	0.1〜1mm 【注意】	火山灰が降っているのが明らかにわかり、道路の白線は見えにくくなる	マスク等で防護する 徐行運転する
少量	0.1mm未満	火山灰が降っているのがようやくわかり、うっすら積もる程度	窓を閉める フロントガラスの除灰

（『気象庁ガイドブック2020』より）

す。過去に三宅島で発表されていましたが、２０１５年11月30日に終了しています。

⑥速やかに避難するために

噴火は必ず予兆があるとは限らないため、突然噴火するものと思って、備える必要があります。

活火山の近くにお住まいの方や登山をする際は、火山ハザードマップ（火山防災マップ）を事前に確認し、噴火速報や噴火警戒レベルなどの情報をテレビやラジオ、スマートフォンなどで漏らさずに入手し、避難指示などが出された場合には速やかに避難所に移動できる状態にしておくことが大切です（避難するときの注意点：第7章、１８８ページ表7–5参照）。

また、噴火のときは土砂災害が起こりやすくなりますので、避難をするときなどには注意が必要です。

火山噴火による被害から身を守るためには情報の入手が不可欠ですが、火山灰によってコンピュータなどの精密機械が機能しなくなるおそれがあります。噴火が起きてからの対応ではなく、事前の準備が極めて重要です。

チェック　火山の噴火対策は事前準備が重要

- □ 自分が生活する地域や旅行先にある「活火山」を調べる
- □ 噴火警戒レベルと影響する範囲を調べる
- □ ハザードマップ（火山防災マップ）を入手する
- □ 避難場所、避難経路を確認
- □ 火山活動が活発なときは、最新情報の入手先を確保する
- □ 避難指示には速やかに従う

補章　最新情報の集め方

テレビの天気予報で伝えられることは限られています。

通常のテレビの天気予報の時間は3分程度しかありません。しかも番組の終盤にあることが多いので、番組全体の時間の調整をするためにさらに短くなることもあります。情報に明確な優先順位をつけて、防災情報を最優先に放送していますが、視聴者にとって必要な情報の全てをお伝えするのは難しいのが現状です。

また、局地的な大雨や落雷、竜巻などの狭い範囲に起こる災害は、実況の監視に基づいた数十分〜数時間程度の予想が重要であり、放送時間が決まっているテレビ番組では対応しきれない場合があります。

気象情報は、科学技術の進歩や社会の変化に応じて、新しい情報が次々に発表されています。しかし、情報発信の開始から数年を経ても一般にあまり知られていない、活かされていない情報が数多くあることは、ここまでの章を読まれた方にはわかっていただけたかと思います。

テレビやラジオ、新聞などマスメディアの天気予報によって、自然災害に警戒が必要な状況になることを知ったときは、さらにインターネットなどを利用して最新の情報を自ら集めることが、いのちを守るためには重要です。

私たち気象予報士も普段から利用しているウェブサイトやアプリをまとめましたので、ぜひ参考にして下さい。

◉気象予報士がよく利用するウェブサイト

気象庁のホームページが2021年2月に、大幅にリニューアルされました。指定した区市町村に発表されている防災情報を、大雨や地震、火山といった分野ごとに、一つのページで閲覧できるようになりました。

「キキクル（危険度分布）」気象庁ＨＰ

雨雲の動き、土砂災害、浸水害、洪水害の危険度の高まりを、1ページにまとめて表示できます。自分がいる場所の災害の危険度を確認し、自主的な避難の判断に活用して下さい。

「雨雲の動き（ナウキャスト）」気象庁ＨＰ

レーダー観測に基づく5分ごとの降水強度分布、5分ごとの60分先までの降水強度分布の予測が表示できます。雷活動度、竜巻発生確度にすぐに切り替えることができます。

「今後の雨（降水短時間予報）」気象庁ＨＰ

15時間先までの1時間ごとの降水量分布を予測したものが表示されます。6時間先までの降水量予測は10分ごと、7時間先から15時間先までの降水量予測は1時間ごとに更新されます。

「現在の雪」気象庁HP
1時間ごとに推定した現在の積雪の深さと降雪量の分布が表示されています。降雪量については、3時間、6時間、12時間、24時間、48時間、72時間を見ることができます。

「台風情報」気象庁HP
台風の強さやコース、接近する日時などを確認することができます。台風が発生すると3時間ごとに更新、台風が日本に近づくと1時間ごとの更新に切り替わります。

「熱中症警戒アラート」気象庁HP
暑さへの「気づき」を呼びかけるための情報です。都府県内のどこかで暑さ指数（WBGT）が33以上になると予想された場合に発表されます（2021年夏以降運用開始予定）。

「過去の気象データ検索」気象庁HP
過去の雨量や気温などの様々なデータを見ることができます。平年の1か月分の雨が1日（24時間）で降るときは、重大な災害が発生する危険性が高いといわれています。

「噴火警戒レベル」気象庁HP

現在の噴火警戒レベルと必要な防災対応を火山別に解説したリーフレットを見ることができます。活火山の近くに住んでいる方だけでなく、旅行で訪れる場合にも事前に調べることをお勧めします。

「ハザードマップポータルサイト」国土交通省HP

災害のリスク情報などを地図に重ねて表示する「重ねるハザードマップ」と、地域のハザードマップを入手する「わがまちハザードマップ」の2種類があります。ハザードマップには、災害が発生した場合に想定される被害の範囲や程度、避難に関する情報が地図にまとめられています。ウェブサイトに公開していない地域については、各市町村の防災担当窓口に問い合わせて下さい。

「川の防災情報」国土交通省HP

全国の川の水位や洪水予警報、レーダー雨量、河川カメラ画像などをリアルタイムで入手し、氾濫の危険性を確認することができます。自分の住む近くに河川がある場合は、自主避難の参考にして下さい。

「緊急地震速報」（気象庁）

最大震度5弱以上を予想したときに、震度4以上を予想した地域に対して緊急地震速報（警報）が発表されます。テレビやラジオなどでも放送されますが、携帯電話やスマートフォンへの配信を登録していると場所を問わずに情報を得ることができます。

◉気象予報士がよく利用するアプリ（すべてApp Store・Google Playストアからアプリをダウンロードできます）

「ＮＨＫニュース・防災アプリ」

天気・災害に関する地域設定は3か所まで登録可能で、自宅と会社、あとは実家や子どもの学校などを登録しておくと、その地域の情報が得られます。プッシュ機能（アプリが自動的に新しい情報を知らせてくれる機能）」があるので便利です。

「ｒａｄｉｋｏ」

　スマートフォンやパソコンでラジオを聴くためのアプリ。停電時でも情報を入手することができます。

「防災情報　全国避難所ガイド」

　全国の避難所を検索し、ルート案内するアプリ。最新の気象警報、地震情報、火山情報などの防災情報が表示されるほか、安否情報を確認することができます。

「東京都防災アプリ」

　災害に対する事前の備えや発災時の対処法など、防災の基礎知識を得ることができます。東京都公式アプリですが、東京以外でも役立ちます。

おわりに

先日、屋根裏部屋の片づけをしたときに、懐かしいものがたくさん出てきました。

一つは、10数年前に友人たちと「空の写真展」を開催したときのポストカード。そこには「伝えたいのは天気だけでなく、空の素晴らしさ」と記してありました。

現在、本書の執筆と並行して、NHKの連続テレビ小説「おかえりモネ」の気象考証を担当していますが、まさにドラマを通して感じていたことと、気象予報士として働き始めたころの自分の思いが同じだったことに気づきました。

毎年のように大きな災害が発生するいま、私たち気象キャスターの役割は、災害でいのちを落とす方を少しでも減らすことだと思っています。しかし、災害の危険性を伝えるだけでは、防災意識を持ち続けるのは難しいのが現実です。空の素晴らしさを伝え、空に興味を持ってもらうことで、被害から遠ざけるのもまた私たちの重要な役割なのだと再認識しました。

もう一つは、20年以上前、気象予報士試験に合格したときに新聞に掲載された記事です。「斉田さんは宇宙や気象関係に子どものころから興味を持っており、北大水産学部の海洋気象学を4月から学ぶ。（中略）合格の自分へのほうびにと3月に種子島の宇宙開発事業団「スペーススクール」に参加した。目指すキャスターでは「もっと分かりやすく気象について解説し自分の見解も発表していきたい」と話している。」（函館新聞）

実はここ数年、宇宙への思いが再燃しています。２０１９年に星空案内人（星のソムリエ）の資格を取得し、天気が変化する対流圏よりさらに遠方にも思いを馳せています。

また、この本で述べてきた自然災害に、いずれ新たなカテゴリーとして「宇宙天気」が加わると予想しています。宇宙天気は、私たちの社会に対して影響を及ぼす宇宙環境の変化のことで、宇宙進出が急速に進むいま、重要性が高まっています。近い将来、地球の天気を伝える気象キャスターが、対象領域を宇宙に拡張することを想定し、新たな活動を始めています。

本書の出版にあたり、多くの方々からたくさんのご協力をいただきました。
8年前、前著を企画してくださった高井健太郎さん、新版の執筆を打診してくださった
NHK出版の吉岡太郎さん、筆の遅い私に粘り強く付き合ってくださった黒島香保理さんに、心より感謝申し上げます。
最後に、私に星空や宇宙の楽しみ方を教えてくださったモスッチこと鈴木祐二郎さん、
あなたのおかげで新たな挑戦を見つけることができました。ありがとうございました。

2021年4月

斉田季実治

参考文献

小倉義光『一般気象学　第2版』東京大学出版会、１９９９年
ＮＨＫ放送文化研究所編『ＮＨＫ気象・災害ハンドブック』ＮＨＫ出版、２００５年
新田尚監修・日本気象予報士会編『身近な気象の事典』東京堂出版、２０１１年
村山貢司『台風学入門――最新データによる傾向と対策』山と溪谷社、２００６年
新田尚・長谷川隆司『天気予報のいま』東京堂出版、２０１１年
新田尚『激しい大気現象』東京堂出版、２０１２年
饒村曜著、新田尚監修『お天気ニュースの読み方・使い方』オーム社、２０１２年
日本大気電気学会編『雷から身を守るには―安全対策Q&A―　改訂版』日本大気電気学会、２００１年
北川信一郎『雷博士が教える雷から身を守る秘訣』本の泉社、２００７年
岡野大祐『解明カミナリの科学』オーム社、２００９年
大木聖子・纐纈一起『超巨大地震に迫る――日本列島で何が起きているのか』ＮＨＫ出版新書、２０１１年

岡田義光『日本の地震地図　東日本大震災後版』東京書籍、2011年
下鶴大輔監修、火山防災用語研究会編『火山に強くなる本――見る見るわかる噴火と災害』山と溪谷社、2003年
鎌田浩毅『地震と火山の日本を生きのびる知恵』メディアファクトリー、2012年
山村武彦『防災格言――いのちを守る百の戒め』ぎょうせい、2009年
青木孝『いのちを守る気象学』岩波書店、2003年
藤吉洋一郎監修、NHK情報ネットワーク編、NHKソフトウェア編『NHK20世紀日本　大災害の記録』NHK出版、2002年
日本防災士機構編『防災士教本　2012年度版』日本防災士機構、2012年
風水害情報研究会企画・編『わかりやすい風水害情報ガイドブック　2012年度版』環境防災総合政策研究機構、2012年
荒木健太郎『雲を愛する技術』光文社新書、2017年
気象庁編『気象庁ガイドブック2020』気象庁、2020年

校閲　大河原晶子
撮影　田中亜紀
図版作成　手塚貴子
ＤＴＰ　角谷　剛

斉田季実治 さいた・きみはる
1975年、東京都生まれ。気象キャスター。
北海道大学で海洋気象学を専攻し、在学中に気象予報士資格を取得。
北海道文化放送の報道記者、民間の気象会社などを経て、
2006年からNHKで気象キャスターを務める。
現在は「ニュースウオッチ9」に出演、
連続テレビ小説「おかえりモネ」の気象考証を担当。
株式会社ヒンメル・コンサルティング代表。防災士。危機管理士1級。
ABLab宇宙天気プロジェクトマネージャ。星空案内人。
著書に『知識ゼロからの異常気象入門』(幻冬舎)、
監修に『天気のふしぎえほん』(PHP研究所)など。

NHK出版新書 654

新・いのちを守る気象情報

2021年5月10日　第1刷発行

著者　斉田季実治

発行者　森永公紀

発行所　NHK出版
〒150-8081 東京都渋谷区宇田川町41-1
電話 (0570) 009-321(問い合わせ) (0570) 000-321(注文)
https://www.nhk-book.co.jp (ホームページ)
振替 00110-1-49701

ブックデザイン　albireo

印刷　壮光舎印刷・近代美術

製本　二葉製本

Printed in Japan ISBN978-4-14-088654-0 C0240

NHK出版新書好評既刊

人類の選択 「ポスト・コロナ」を世界史で解く	佐藤 優	コロナ禍を歴史的に分析し、国際情勢と日本の未来を展望。複数の選択肢に揺れるコロナ後の世界と人間の生き方に確固たる指針を示す！	632
名著ではじめる哲学入門	萱野稔人	哲学とは何か。アリストテレスで「人間」の本質を抉り、ハイデガーで「存在」の意味を知る。複雑化する世界を新視点で捉える実践的学び直しの書。	633
イノベーションはいかに起こすか AI・IoT時代の社会革新	坂村 健	日本よ「変わる勇気」を持て。世界に先駆けIoTのコンセプトを提唱した稀代のコンピューター学者が、私たちの社会の進むべき道を指し示す。	634
マルクス・ガブリエル 危機の時代を語る	丸山俊一 ＋NHK「欲望の時代の哲学」制作班	人気番組のニューヨーク編から、大反響だった「ガブリエルと知の最前線5人との対話」をまるごと書籍化！ コロナ直後の緊急インタビューも収載！	635
「冴える脳」をつくる5つのステップ ゆっくり急ぐ生き方の実践	築山 節	日々の不調に加え、コロナ禍で脅かされる生活や健康。現代人が抱える不安に適切に対処できる「脳」のつくり方を、ベストセラーの著者が解説。	636
家族のトリセツ	黒川伊保子	親子関係から兄弟、夫婦関係まで。イライラやすれ違いの具体例を挙げながら、「脳の個性」を理解し、「最も身近な他人」とうまく付き合う方法を伝授！	637

NHK出版新書好評既刊

独裁の世界史
本村凌二
なぜプラトンは「独裁」を理想の政治形態と考えたのか? 古代ローマ史の泰斗が2500年規模の世界史を大胆に整理し、「独裁」を切り口に語りなおす。
638

はやぶさ2
最強ミッションの真実
津田雄一
世界を驚かせる「小惑星サンプル持ち帰り」を完璧に成功させたプロジェクトの中心人物が描く、スリルと臨場感にあふれた唯一無二のドキュメント!
639

愛と性と存在のはなし
赤坂真理
私たちは自分の「性」を本当に知っているか? 既存の用語ではすくい切れない人間存在の姿を、作家自身の生の探求を通して描き出す、魂の思索。
640

渋沢栄一
「論語と算盤」の思想入門
守屋 淳
答えのない時代を生きた渋沢の行動原理とはなんだったのか。その生涯と思想を明快に読み解き、偉業の背景に迫る。渋沢栄一入門の決定版!
641

家族と社会が壊れるとき
是枝裕和
ケン・ローチ
貧困や差別に苦しむ人々や、社会の見過ごされがちな側面を撮り続けてきた映画監督ふたりが、「不平等な世界」との向き合い方を深い洞察で示す。
642

空想居酒屋
島田雅彦
酒場放浪歴40年、料理歴35年の小説家が、理想の居酒屋を開店した? 「文壇一の酒呑み&料理人」が放つ、抱腹絶倒の食エッセイ!(レシピ・カラー付)
643

NHK出版新書好評既刊

あの人はなぜ定年後も会社に来るのか
中島美鈴
会社という居場所を失ったとき、なぜ男性は老後の時間を有効に使えないのか？ 認知行動療法のプロが語る、不安の正体と孤独との対峙法。
644

マルクス・ガブリエル 新時代に生きる「道徳哲学」
丸山俊一＋NHK「欲望の時代の哲学」制作班
大反響番組「コロナ時代の精神のワクチン」を書籍化！ コロナ時代にこそ可能な「自由」とは？ 対話形式で平易に説く、ガブリエルの哲学教室。
645

カラスをだます
塚原直樹
カラス語の理解者にして全国から引っ張りだこのカラス対策専門ベンチャー創業者が、カラスを調べ、追い払い、食べながら、共存の方法を探求する。
646

大河ドラマの黄金時代
春日太一
『花の生涯』から『黄金の日日』『独眼竜政宗』『太平記』まで。プロデューサー、ディレクターたちの貴重な証言を織り込み、「黄金時代」の舞台裏に迫る。
647

アドラー 性格を変える心理学
岸見一郎
世の中には「性格は生まれつき」と考えて、あきらめてしまう人が少なくない。『嫌われる勇気』の著者が、アドラー心理学を軸に、性格の常識を覆す。
648

「超」英語独学法
野口悠紀雄
リスニング練習から暗記術、ＡＩ活用法まで。専門家同士のやりとりや英文読解、会議での討論、メール作成などに役立つ超合理的勉強法！
649

NHK出版新書好評既刊